ZEITSCHRIFT FÜR ANGEWANDTE GEOLOGIE

HERAUSGEGEBEN VON

DER STAATLICHEN GEOLOGISCHEN KOMMISSION

UND DER ZENTRALEN VORRATSKOMMISSION

DER DEUTSCHEN DEMOKRATISCHEN REPUBLIK

AUS DEM INHALT

AKADEMIE-VERLAG · BERLIN

BAND 8 / HEFT 8
AUGUST 1962
SEITE 393—448

	INHALT	СОДЕРЖАНИЕ	CONTENTS	
F. STAMMBERGER	Ein beachtlicher Beitrag zum Studium der liquidmagmatischen Sulfidlagerstätte Norilsk	Важный вклад в изучение Норильского ликвидиционно-магматического сульфидного месторождения	Contribution to the Study of the Liquid-Magmatic Sulphide Deposit of Norilsk	393
I. JA. NEKRASOW	Über die Bildungsbedingungen einiger Zinnerzlagerstätten (Referiert von T. KAEMMEL)	Об условиях образования некоторых оловорудных месторождений (Реферат Т. КЕММЕЛЯ)	Conditions of Formation of some Tin Ore Deposits (Abstracted by T. KAEMMEL)	399
P. KRÜGER	Sedimentärer Fluorit, eine bis jetzt übersehene Gefahrenquelle für die Dolomitindustrie	Осадочный флюорит — не замеченный до сих пор очаг опасности для доломитовой промышленности	Sedimentary Fluorite, a Danger Source Hitherto Neglected in the Dolomite Industry	400
H.-J. WEDER	Zur Grundwasservorratsklassifikation	По поводу классификации подземных вод	On the Classification of Groundwater	401
H. SCHÜTZEL & G. HÖSEL	Eine neue Mineralquelle im südwestlichen Vogtland und Bemerkungen zum Granitmassiv von Eichigt—Schönbrunn	О новом минеральном источнике в югозападном фогтланде и замечания о гранитном массиве Айхигт—Шенбрунн	New Mineral Spring in S. W. Vogtland and Observations on the Eichigt—Schönbrunn Granite Massif	404
G. BACHMANN & F. REUTER	Die komplexe ingenieurgeologische Untersuchung und Fragen ihrer Wirtschaftlichkeit	Комплексное инженерно-геологическое исследование и вопросы его рентабельности	The Complex Engineering-Geological Investigation and Problems Connected with its Efficiency	408
K. J. KLENGEL	Zur Aufgabenstellung der Ingenieurgeologie	О задачах инженерной геологии	Statement of Problems in Engineering Geology	414
F. STAMMBERGER	Zur Definition einiger erdölgeologischer Grundbegriffe	К определению некоторых основных понятий нефтяной геологии	On the Definition of some Basic Terms of Petroleum Geology	418
K. v. BÜLOW	Geologie im Fernstudium?	Геология в заочном обучении?	Home Study Courses in the Field of Geology	421
H. A. SLACK & C. OTTE	Interpretation elektrischer Bohrlochmessungen zum Aufsuchen stratigraphischer Fallen (Referiert von D. OSSWALD	Интерпретация электрокаротажных измерений для выявления стратиграфических ловушек (Реферат Д.ОСВАЛЬДА)	Interpretation of Electric Bore-hole Measurements for the Location of Stratigraphic Traps (Abstracted by D. OSSWALD)	423
E. WOHLMANN & W. HÖDT	Bestimmung der Alkalien und besonders kleiner Lithiumgehalte in Gesteinen	Определение щелочей, в частности малых содержаний лития в горных породах	Determination of Alkalis and Particularly Small Lithium Contents in Rocks	425
W. POŻARYSKI	Der Südwestrand von Fennosarmatia	Юго-западная окраина фенносарматии	The South-West Border of Fennosarmatia	427
M. JASKOWIAK	Der geologische Bau des mesozoischen Deckgebirges in Nordwestpolen	Геологическое строение мезозойских покровных отложений в северозападной Польше	Geological Structure of the Mesozoic Surface Rocks in North-west Poland	431
D. W. NALIWKIN	Interessante Einzelheiten der geologischen Geschichte Asiens	Интересные подробности геологической истории Азии	Interesting Details of Asia's Geological History	433
H. HAVEMANN	Tektonische Strukturen und Erdölgebiete der Arktis	Тектонические структуры и нефтяные районы Арктики	Tectonic Structures and Petroleum Areas of the Arctic Regions	437

Die ZEITSCHRIFT FÜR ANGEWANDTE GEOLOGIE berichtet ständig über folgende Arbeitsgebiete: Geologische Grundlagenforschung und Lagerstättenforschung / Methodik der geologischen Erkundung / Ökonomie und Planung der geologischen Erkundung / Technik der geologischen Erkundung / Geologie und Lagerstättenkunde im Ausland. In der Zeitschrift können alle strittigen Fragen der praktischen Geologie behandelt werden. Die Autoren übernehmen für ihre Aufsätze die übliche Verantwortung.

ZEITSCHRIFT FÜR ANGEWANDTE GEOLOGIE

BAND 8 · AUGUST 1962 · HEFT 8

Ein beachtlicher Beitrag zum Studium der liquidmagmatischen Sulfidlagerstätte Norilsk

FRIEDRICH STAMMBERGER, Berlin

1. Vorbemerkung

Ende 1959 erschien in Moskau eine rund 150 Seiten starke Broschüre über die bekannte Cu-Ni-Lagerstätte Norilsk[1]) (in der Nähe der Jenissej-Mündung im hohen Norden Sibiriens). Ihr Verfasser, G. B. ROGOWER, hat die Erkundung dieser Lagerstätte viele Jahre geleitet. Seine veröffentlichte Arbeit enthält nicht nur bisher unbekannte Informationen über Norilsk; sie ist ein beachtlicher theoretischer Beitrag zur Entstehung sulfidischer Cu-Ni-Vererzungen in basischen Gesteinen.

ROGOWERs Arbeit verdient noch aus folgenden Gründen unsere erhöhte Aufmerksamkeit:

a) Norilsk kann als Cu-Ni-Lagerstätte hinsichtlich seiner wirtschaftlichen Bedeutung mit Sudbury verglichen werden. Dabei dürfte die Spitzenstellung der kanadischen Lagerstätte als Hauptlieferant und vor allem als Hauptreserve für Nickel, Platin u. a. bei einem solchen Vergleich ernsthaft gefährdet sein.

b) In den Lehrbüchern der Lagerstättenkunde wird Norilsk — wenn es überhaupt beschrieben wird — ausnahmslos als Schulbeispiel des liquidmagmatischen Lagerstättentyps dargestellt, in dem die Metallverteilung durch gravitative Differentiation kontrolliert und bestimmt wird. Die vorliegende Arbeit erhebt gegen diese traditionelle Auffassung, die in der Praxis oft den Charakter eines für alle Fälle feststehenden und keine Ausnahme duldenden Lehrsatzes angenommen hat, sich auf Beobachtungen und Tatsachen stützende Einwände.

c) Die auch bei uns stark verbreitete Meinung, daß genetische Fragen nur das Mikroskop, d. h. der Petrograph, entscheiden kann, wird durch die Arbeit des Verfassers richtiggestellt und der geologischen Analyse — neben allen übrigen Arbeitsverfahren — der ihr gebührende Platz zugewiesen. ROGOWER zeigt, welche überraschenden Arbeitsergebnisse erhalten werden können, wenn die vorhandenen Erkundungsergebnisse gründlich bearbeitet und durchdacht werden.

Solche Arbeiten wie die von ROGOWER werden auch in der UdSSR nicht häufig veröffentlicht. Dies ist u. a. darauf zurückzuführen, daß relativ selten so gut erkundete Lagerstätten analysiert werden können. Außerdem ist ROGOWER beobachteten Besonderheiten nachgegangen. Zu oft ist leider der Praktiker geneigt, „unbequeme" Tatsachen zu registrieren, ohne sich mit ihnen wissenschaftlich auseinanderzusetzen.

2. Charakteristik der Lagerstätte Norilsk

Im nördlichen Teil Mittelsibiriens, zwischen Jenissej und Lena, ist die Sibirische Tafel mit einer mächtigen Decke basischer Ergußgesteine und Intrusionen (Trappe) bedeckt. Im Bezirk Norilsk, am nordwestlichen Rand der Tafel, besteht diese Decke vorwiegend aus Andesindiabasen und Labradorporphyriten, untergeordnet treten Diabastuffe und Tuffite, örtlich auch Tonschiefer auf. Die sichtbare Mächtigkeit der Effusivdecke erreicht mehrere hundert Meter. Sie liegt den steinkohlenführenden Sedimenten der „Tunguser Suite" (Karbon—Perm) fast konkordant auf, wobei die Kontaktfläche jedoch z. T. beachtliche Unebenheiten aufweist.

In den Sedimenten und Effusiven treten Lagergänge des Porphyrits und Titanaugitdiabases auf sowie ein jüngeres mächtiges Intrusiv differenzierter Gabbrodiabase. Die vererzten Differentiate der Gabbrodiabas-Intrusion sind Hauptgegenstand der Erkundung und des Abbaus. Das Normalprofil der bis zu einigen hundert Metern mächtigen Intrusion enthält folgende Differentiate (Abb. 1):

a) obere taxitische Gabbrodiabase,
b) pegmatitische Gabbrodiabase (Gabbrodiorite),
c) Olivin-Gabbrodiabas,
d) Olivin-Biotit-Gabbrodiabas,
e) pikritischer Gabbrodiabas[2]),
f) taxitischer Gabbrodiabas,
g) Kontakt-Gabbrodiabas.

Als Kontakt-Gabbrodiabas wurde der untere Endokontaktbereich der Intrusion ausgegliedert, der sich durch poikiloophitische Struktur und nadelartige Formen der Plagioklase auszeichnet. Eine zu erwartende glasartige Kruste im unmittelbaren Kontakt fehlt, dafür sind zahlreiche Hinweise auf Einschmelzung von Gesteinspartien des Liegenden bekannt geworden.

Taxitisch wurde das zweite Differentiat (von unten) wegen seiner ataxitischen Textur genannt. In ihm werden mehrere grobkörnige Strukturtypen beobachtet (poikiloophitische, poikilitische, ophitische u. a.). Der Mineralbestand ist unbeständig, so wurden mindestens vier Plagioklas- und zwei Olivingenerationen ermittelt. Diese Besonderheit des Mineralbestandes wird auf Kontamination und Assimilation von Xenolithen zurückgeführt.

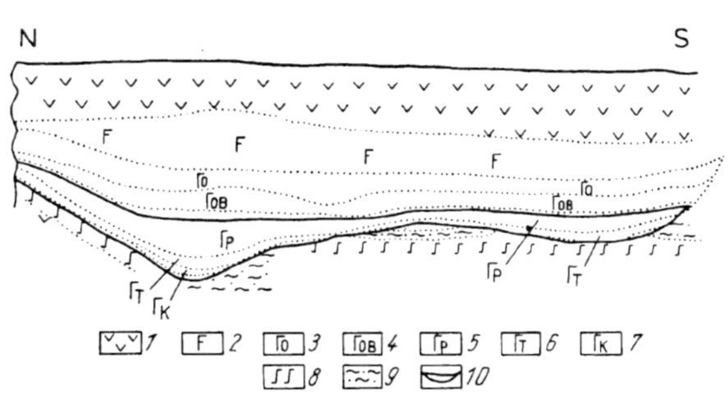

Abb. 1. Schematisiertes E—W-Profil durch den Ostflügel der Lagerstätte Norilsk I (nach G. B. ROGOWER)

1 — Effusiva, 2 — Gabbro und Gabbrodiorite, 3 — Olivin-Gabbrodiabas, 4 — Olivin-Biotit-Gabbrodiabas, 5 — pikritischer Gabbrodiabas, 6 — taxitischer Gabbrodiabas, 7 — Kontakt-Gabbrodiabas, 8 — Labradorporphyrit und Titanaugitdiabas (intrusiv), 9 — Sandsteine und Schiefer, 10 — Umriß der Sprenkelvererzung

[1]) G. B. ROGOWER: Die Lagerstätte Norilsk I, einige ihrer Besonderheiten, die für Sucharbeiten Bedeutung haben können, und eine rationale Methodik ihrer Erkundung. — Moskau 1959 (russ.).

[2]) Die abkürzende Bezeichnung „Pikrite" für dieses Differentiat ist aus der Praxis von Norilsk zwar verständlich, jedoch nicht exakt. Mit dieser Einschränkung wird diese Bezeichnung nachfolgend als Abkürzung zuweilen übernommen.

Der pikritische Gabbrodiabas enthält von allen Differentiaten am meisten Olivin (40—60%, bis zu 70%). Idiomorpher Olivin — schichtartig verteilt oder in Knäueln gehäuft — wird von Plagioklas und Pyroxen (ophitische Strukturverhältnisse) zementiert. Die Plagioklase gehören zu den Nr. 55—95[3]), es liegen zwei Generationen vor. Beim Pyroxen handelt es sich um den rhombischen Bronzit. Das Gestein ist sekundär stark verändert, die Olivinkörner sind sehr rissig und serpentinisiert. Die Serpentinisierung ist örtlich so intensiv, daß sie auch Pyroxen ergreift und sogar im Plagioklas Serpentin beobachtet wird. In diesem Differentiat sind hybride Varietäten angetroffen worden, die aus der Einschmelzung von Tonschiefer, Sandsteinen und Kalken hervorgegangen sind.

Der Olivin-Biotit-Gabbrodiabas führt Biotit vor allem in den unteren — dem pikritischen Gabbrodiabas benachbarten — Partien. Bei poikiloophitischer Struktur des Gesteins nimmt der Olivingehalt nach oben ungleichmäßig ab.

Olivin-Grabbrodiabas schließt sich nach oben mit allmählichem Übergang an das vorher beschriebene Differentiat an; die Struktur geht in ophitische über. Gewöhnlich weist diese Varietät die größte Mächtigkeit innerhalb der Intrusion auf.

Als Gabbrodiorite werden grobkörnige Varietäten mit prismatisch-ophitischer Struktur bezeichnet. Die Plagioklase gehören zu den Nr. 45—50, die Pyroxene zu Hypersthen und Pigeonit. Die dunklen Komponenten überwiegen im Gestein, das meist stark verändert angetroffen wird: Die Plagioklase sind albitisiert, die Pyroxene durch Chlorit und Amphibole ersetzt.

Das Gestein im oberen Endokontakt der Intrusion ähnelt dem taxitischen und Kontakt-Gabbrodiabas am unteren Kontakt. Sehr häufig hat es hybriden Charakter.

Die Gabbrodiabas-Intrusion hat als Ganzes unregelmäßige Formen (Abb. 2); bei allmählichem allgemeinem Einfallen nach S—SW folgt sie dabei örtlichen Besonderheiten ihres Liegenden. Im N streicht sie an der durch Erosion angeschnittenen Oberfläche aus. Die morphologischen Besonderheiten der Instrusion ergeben sich weitgehend aus ihrem Intrusionsniveau zwischen dem Sediment der Tunguser Suite und den Effusiven, dem gleichen Niveau eines vor ihr bereits intrudierten mächtigen Lagerganges des Labradorporphyrits. Dieser Porphyrit wurde vom Gabbrodiabas z. T. assimiliert, z. T. außerordentlich stark mechanisch in Mitleidenschaft gezogen.

3. Die Vererzung

Haupterzminerale sind Chalkopyrit, Pyrrhotin und Pentlandit. Die überwiegende Erzmenge liegt als wechselnd reiches Sprenkel- oder Imprägnationserz vor (Abb. 3). Mengenmäßig zurücktretend finden sich in diesen Erzen Sulfidschlieren meist geringer Größe (1—12 cm), seltener von 20—100 cm, die allmähliche Übergänge zum Gabbrodiabas aufweisen. Im unteren Teil der Intrusion, meist ins Nebengestein hineinreichend, treten Sulfidgänge auf, deren streichende Länge selten 9—10 Meter übersteigt und deren Kontakte zum Nebengestein scharf ausgeprägt sind.

Diese Gänge können sowohl nach ihrer Morphologie als auch nach ihrer Mineralführung gruppiert werden. Interessant ist ihre mineralogische Gliederung:

a) Pyrrhotin-Gänge sind am meisten verbreitet und besitzen die größten Mächtigkeiten. Im Erz ist das Verhältnis Ni:Cu = 120:100 bis 130:100.

[3]) Nach der Klassifikation der Plagioklase von I. S. FJODOROW (s. BETECHTIN, Lehrbuch der speziellen Mineralogie), d. h. $An_{55}Ab_{45}$ bis $An_{95}Ab_{05}$.

b) Pyrrhotin-Chalkopyrit-Gänge besitzen erhöhte Kupfergehalte. Das Verhältnis Ni:Cu = 100:100, örtlich kann es auf 100:150 bis 100:200 absinken.

c) Chalkopyrit-Gänge haben zu den vorhergehenden allmähliche Übergänge, sie liegen in den Endschaften der Pyrrhotin-Gänge. Kupfer überwiegt in ihnen schroff über Nickel. Ni:Cu = 100:500 bis 100:600.

Nachfolgend werden nur die — wirtschaftlich allerdings entscheidenden — Sprenkelerze eingehender behandelt.

Im oberen Endokontakt der Intrusion treten makroskopisch sichtbare Sulfide (meist sehr fein verteilte Einsprenglinge) auf, die allerdings nur selten und dabei in geringen Mächtigkeiten die Konditionsgrenze erreichen oder übersteigen. Die tieferliegenden Differentiate bis zum Olivin-Biotit-Gabbrodiabas einschließlich sind praktisch erzfrei. Die erste mit bloßem Auge sichtbare Sulfidvererzung erscheint generell entweder in den Liegendpartien des Olivin-Biotit-Gabbrodiabases, fast unmittelbar in seinem Kontakt mit dem pikritischen Gabbrodiabas, oder im Kontakt der pikritischen Varietät selbst. Die industrielle Vererzung hält — bei wechselndem Reichtum — bis zum unteren Kontakt der Intrusion aus. Doch jedes vererzte Differentiat weist nach Form, Größe und Verteilung der sulfidischen Einsprenglinge gewisse Besonderheiten auf. Die Einsprenglinge nehmen im allgemeinen den Raum zwischen den gesteinsbildenden Mineralen ein und werden fast stets von Biotit, Serpentin, Chlorit und Talk begleitet. Dabei schneiden die Biotitblättchen die Sulfide oder liegen an deren Peripherie. Die Sulfide korrodieren Plagioklas und Pyroxen, dringen in sekundäre Mineralbildungen ein und „offenbaren in ihren Ausscheidungsformen manchmal Anzeichen einer späteren Entstehung als die sekundären Silikate". Im wesentlichen ist für sie jedoch Xenomorphismus zu den silikatischen Mineralen typisch.

Im pikritischen Gabbrodiabas sind die Sulfide mehr oder weniger gleichmäßig im Gestein verteilt, meist 1 bis 2 mm groß; zugleich werden tropfenförmige oder auch unregelmäßig eckige, bis 20 mm große Einsprenglinge angetroffen. Sie liegen stets in Gesteinsabschnitten mit relativ großblättrigem Biotit, Hornblende, Serpentin, Talk und Chlorit. In diesen großen, voneinander isolierten Einsprenglingen sind entweder nur Chalkopyrit oder Chalkopyrit und Pyrrhotin anwesend. Im letzten Falle liegt im oberen Teil des Sulfidtropfens Chalkopyrit, im unteren — mit deutlicher Grenze — Pyrrhotin. Charakteristisch sind somit zwei Arten der Einsprenglinge: kleine in den Interstitien, ohne Veränderungen in den benachbarten Silikaten; große, die von sekundären Bildungen (Serpentin, Chlorit, Hornblende und Biotit) umgeben sind.

Im taxitischen Gabbrodiabas werden 5—15 mm große Einsprenglinge angetroffen, die eine breitgedrückte Form aufweisen und für die schichtartige Anordnung der Erzminerale (Chalkopyrit oben, Pyrrhotin unten) charakteristisch ist.

Im Kontakt-Gabbrodiabas sitzen kleine Sulfide wiederum in den Interstitien. Die Vererzung ist in der Regel ärmer als im pikritischen und taxitischen Gabbrodiabas.

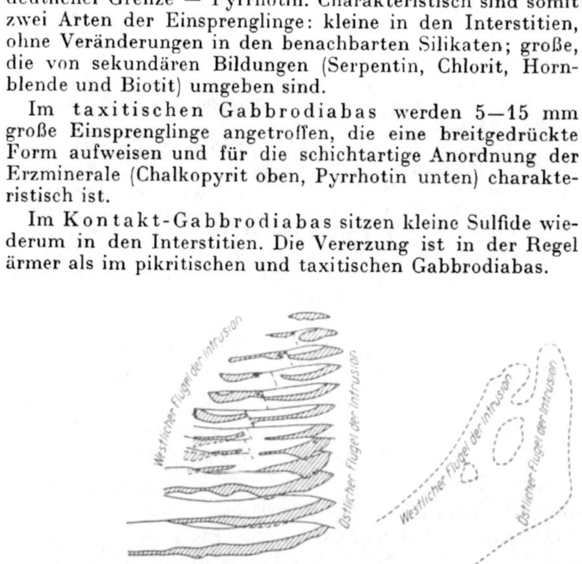

Abb. 2. a — Nach ihrer Lage geordnete Quer-(E—W-)Profile der Gabbrodiabas-Instrusion, b — schematischer Grundriß der Gabbrodiabas-Intrusion (nach G. B. ROGOWER)

Abb. 3. Verteilung der Sulfidgänge und „Exokontakt"-Vererzung im Grundriß

1 – Verteilungsgrenze der sulfidischen Vererzung im Gabbrodiabas, 2 – reiche „Exokontakt"-Vererzung, 3 – arme „Exokontakt"-Vererzung, 4 – Verbreitungsgrenze sulfidischer Gänge (nach G. B. ROGOWER)

4. Traditionelle Anschauungen zur Genese der Lagerstätte

Die weit verbreitete Vorstellung über die Genesis solcher „geschichteten" Intrusionen kann kurz wie folgt zusammengefaßt werden:

a) Die Intrusion benutzt bei ihrer Platznahme vorhandene Schwächezonen des Profils und entfaltet eine gewisse eigene Aktivität.

b) Nach Platznahme der Intrusion sedimentieren im schmelzflüssigen Körper die bei Erkaltung zuerst ausfallenden Kristalle, d. h. zuerst Olivin. (Damit ist die Anreicherung mit Olivin der tieferliegenden Differentiate und dessen Abwesenheit in den oberen erklärt.)

c) Die Sulfide sind sehr beweglich und schwer. Ihre überwiegende Hauptmenge folgt dem Gravitationsgesetz und nimmt im unteren Teil der Intrusion in den intergranularen Räumen Platz. Ein verschwindend kleiner (industriell nicht interessanter) Teil wird durch Konvektionsströme innerhalb des Magmas an den oberen Kontakt der Intrusion getragen. Eine unregelmäßig verteilte Vererzung im Liegenden der Intrusion (im Exokontakt) sowie die Sulfidgänge werden durch Migration bzw. Auspressung der Sulfide aus der Intrusion infolge tektonischer Einwirkungen erklärt.

(Daß so einfache Erklärungen nicht immer den vorliegenden Tatsachen genügen, zeigt Norilsk. Infolge wesentlicher Unterschiede in der Vererzung der Intrusion und der Erzgänge mußten die Anhänger der liquidmagmatischen Theorie die Gangvererzung einer besonderen Subphase, d. h. sulfidischen Nachschüben, zuschreiben.)

Die außerordentlich bedeutsame Rolle der Liquation und Gravitation bei der Bildung der Differentiate des Intrusivkörpers und der mit ihr verbundenen Imprägnationsvererzung in der Intrusion und im Liegenden (Exokontakt) war in der UdSSR bis vor kurzem einhellig anerkannt. Norilsk war das Schulbeispiel, der unwiderlegbare Beweis für die Richtigkeit solcher Auffassungen. Eine Reihe ausgezeichneter sowjetischer Forscher, die die Lagerstätte Norilsk untersuchten, haben an diesem Schema grundsätzlich nichts geändert, obwohl sie z. T. über Details weit auseinandergehende Anschauungen vertraten.

Von diesen traditionellen Anschauungen ausgehend, könnten zahlreiche Lagerstätteneigenschaften und Abhängigkeiten vorausgesagt werden:

a) Dort wo die Intrusion eine ungewöhnlich große Mächtigkeit besitzt, müßte sich Gravitation und Differentiation am besten entfaltet haben können; umgekehrt: bei geringen Mächtigkeiten müßten die Differentiate nur sehr verwaschen auftreten.

b) Die einzelnen Differentiate müßten in ihrer Mächtigkeit eine gesetzmäßige Beziehung zur Gesamtmächtigkeit der Intrusion aufweisen.

c) In keinem Fall dürfte zu beobachten sein, daß einzelne Differentiate isoliert, d. h. ohne die übrigen Differentiate, auftreten oder daß eine Störung der Reihenfolge von oben nach unten oder gar wiederholtes Auftreten z. B. der taxitischen oder pikritischen Gabbrodiabase vorkommt.

d) Die Vererzung müßte allmählich von oben nach unten zunehmen, irgendwelche Sprünge bzw. Konzentrationen der Einsprenglinge dürften außer am Boden der Intrusion nicht auftreten.

e) Die Erzschüttung für einen beliebigen Punkt innerhalb der Lagerstättengrenze dürfte im wesentlichen nur von der Mächtigkeit der Intrusion abhängen.

f) Das Verhältnis Ni:Cu müßte im Erz konstant sein, sowohl flächenhaft als auch im Erz der einzelnen Differentiate.

g) Schließlich müßten die Erze im Exokontakt am besten sein α) bei großen Mächtigkeiten der Intrusion und entsprechender Beeinflussung des Liegenden, β) bei kuppelartigen Aufstülpungen, fossilen Vorsprüngen des Liegenden in die Intrusion usw.

h) Eine solche Vererzung im Liegenden dürfte nicht von der Intrusion durch erzleere Zonen getrennt sein.

i) Insbesondere müßte diese Exokontaktvererzung in der Nähe der Intrusion am stärksten sein und in einer gewissen Entfernung wolkig ausklingen.

k) Ferner sollte die Vererzung im Exokontakt analog – mineralogisch, Cu:Ni-Verhältnis – derjenigen sein, die in der Intrusion vorliegt, von der sie nach diesen Anschauungen abstammt.

Alle diese Annahmen und Voraussagen ergeben sich logisch aus der genetischen Konzeption Liquation – Gravitation – Differentiation. Wenn die tatsächlichen Beobachtungen mit diesen Prognosen nicht übereinstimmen, müssen entweder zusätzliche Erklärungen gefunden und bewiesen werden oder es müssen ernste Einschränkungen bzw. Korrekturen an der theoretischen Konzeption vorgenommen werden.

5. Tatsachen, die den traditionellen Anschauungen widersprechen

G. B. ROGOWER begann seine Überprüfung mit der Exokontaktvererzung, die in der Vergangenheit eingehend mineralogisch-petrographisch und physikochemisch untersucht worden war. Als Geologe analysierte er ihre Lage im Raum, ihren inneren Aufbau und ihr Verhältnis zum Nebengestein.

Das erhaltene Verteilungsbild dieser Vererzung war im Grundriß äußerst kompliziert und wenig aussagekräftig. Aufschlußreicher waren Seigerschnitte quer zum Streichen der Lagerstätte, in denen sich innerhalb der vererzten Bereiche reiche und arme Erze abgrenzen ließen; dabei lagen die Reicherze manchmal unmittelbar im Kontakt mit der Intrusion, in anderen Fällen im entferntesten Teil des vererzten Liegenden oder waren nach oben und unten in Armerze eingebettet. In jedem Fall trug die Exokontaktvererzung hinsichtlich ihrer Intensität bandartigen Charakter.

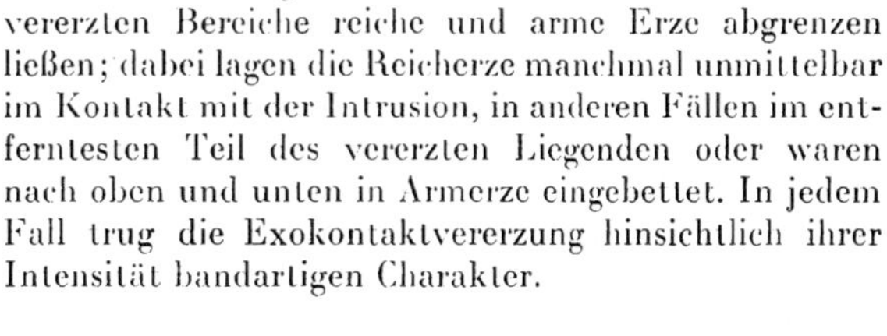

Abb. 4. Schematisches E–W-Profil durch den Westflügel der Lagerstätte Norilsk I (nach G. B. ROGOWER)

1 – Effusiva, 2 – Labradorporphyrite, 3 – Gabbrodiabase, 4 – arme „Exokontakt"-Erze, 5 – reiche „Exokontakt"-Erze

Auffallend an der Verbreitung dieser Erze war:

a) Ihre Mächtigkeit nahm in Richtung auf die Intrusion allmählich ab, verschwand z. T. ganz bzw. hörte wie von der Intrusion abgeschnitten plötzlich auf (Abb. 4);

b) unter den größten Vertiefungen der Intrusion ins Liegende, wo meist auch ihre größten Mächtigkeiten gemessen werden, war überraschenderweise entweder gar keine oder nur eine sehr arme Exokontaktvererzung vorhanden (Abb. 5). Merkwürdigerweise wurde eine solche Exokontaktvererzung auch in keinem Falle am oberen Kontakt der Intrusion beobachtet, wo man sie durchaus hätte erwarten können.

Seigerschnitte im Streichen des östlichen Flügels der Lagerstätte zeigen, daß diese Erze eine zusammenhängende Fläche bilden; die Reicherze erinnern an geringmächtige Lagergänge, wobei die Mächtigkeit der Intrusion keinen Einfluß ausübt und die Reicherze durch mehr oder weniger mächtige Armerze von der Intrusion getrennt sind.

ROGOWER bemerkt ausdrücklich, daß die Exokontakterze, insbesondere ihre reicheren Partien — nach allen Beobachtungen — nicht lithologisch bedingt sind, sondern der Erzkörper ohne Formveränderung aus einem Gestein in das andere hinüberwechselt. Es muß noch bemerkt werden, daß die Gesteine mit Exokontaktvererzung zweifellos hydrothermal beeinflußt worden sind: Der Titanaugitdiabas ist biotitisiert; im Andesindiabas sind Pyroxen, Granat und Karbonate entwickelt; der Labradorporphyrit ist prenitisiert, z. T. zeolithisiert.

Auf Grund dieser und anderer Beobachtungen stellte ROGOWER die grundsätzlich äußerst wichtige Frage: Ist die Beziehung der Hauptmasse der Exokontaktvererzung zur Intrusion tatsächlich bewiesen? Oder handelt es sich nicht um eine selbständige, ältere (als die Intrusion) Vererzung, die von dem intrudierenden Magma des Gabbrodiabases zum Teil aufgenommen (assimiliert) wurde? Kann diese Vererzung nicht durch Emanationen entstanden sein, die der Intrusion zeitlich vorausgingen und lediglich den gleichen Weg (wie später die Intrusion) benutzten und sich somit neben- bzw. übereinander ablagerten?

ROGOWER beantwortete diese Fragen positiv. Dabei geht er von der räumlichen Verbreitung der Exokontakterze aus. Eine Einwanderung dieser Sulfide aus der Gabbrodiabas-Intrusion hätte nach seiner Meinung unbedingt Erzspuren in den zwischen Intrusion und Exokontakterzen liegenden tauben porösen Diabasen und Labradorporphyriten hinterlassen müssen. Eine solche Migration der Sulfide ist ferner deshalb unwahrscheinlich, weil Sandstein im unmittelbaren Kontakt mit der Intrusion meist keine Sulfide enthält.

Hinzu kommt, daß, entgegen der Gravitationskonzeption, der Kontakt-Gabbrodiabas (d. h. der eigentliche „Boden" der Intrusion) weniger vererzt ist als die taxi-

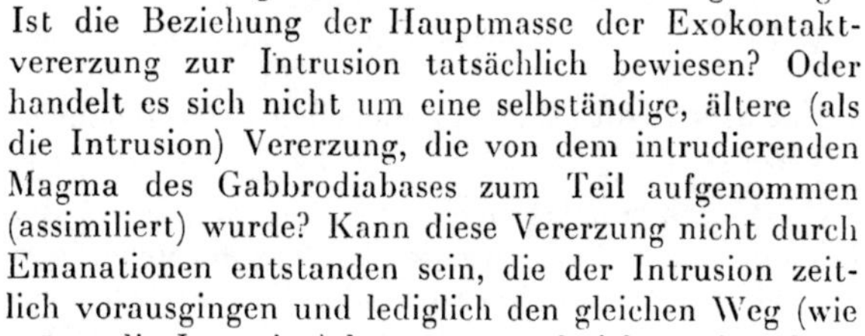

Abb. 5. Schematisches E—W-Profil durch den Ostflügel der Lagerstätte Norilsk I (nach G. B. ROGOWER)

1 — Effusiva, 2 — Labradorphorphyrite, 3 — Gabbrodiabase, 4 — Sandsteine und Schiefer, 5 — arme „Exokontakt"-Erze, 6 — reiche „Exokontakt"-Erze

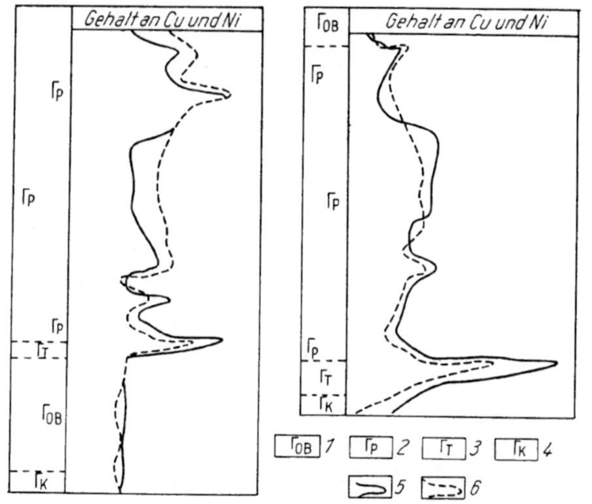

Abb. 6. Graphische Darstellung der Gehaltsveränderungen im vererzten Teil der Intrusion (im Süden der Lagerstätte Norilsk I) (nach G. B. ROGOWER)

1 — Olivin-Biotit-Gabbrodiabas, 2 — pikritische Gabbrodiabase, 3 — taxitische Gabbrodiabase, 4 — Kontakt-Gabbrodiabase, 5 — Kurve für Cu-Gehalt, 6 — Kurve für Ni-Gehalt

tischen und pikritischen Gabbrodiabase. Die reichste Vererzung liegt vielmehr in den tieferen Partien der pikritischen und im oberen Teil des taxitischen Gabbrodiabases, d. h. schwebt in einiger Entfernung vom Boden der Intrusion. Wenn dies nach der herrschenden Meinung damit erklärt wird, daß sich die unteren Differentiate schneller abkühlten als die Mitte der Intrusion, die Erzanreicherung im erwähnten Abschnitt somit durch eine größere Viskosität bzw. teigartige Absperrung der absinkenden Sulfide hervorgerufen und eine gravitative Sedimentation der Sulfide in tiefere Bereiche unmöglich war, muß unbedingt zugestanden werden, daß die Sulfide der Intrusion dann auch eine Vererzung im Liegenden nicht hervorrufen konnten. Interessant ist außerdem, daß im Kontakt-Gabbrodiabas die Vererzung meist in Richtung zum Kontakt abnimmt, wodurch der Einwand ROGOWERs noch erhärtet wird.

Insbesondere ist folgende Beobachtung sehr aussagekräftig. Bei bergmännischen Auffahrungen war festgestellt worden, daß in einer gewissen Entfernung von der Intrusion, von ihr durch taube Labradorporphyrite und Biotitdiabase getrennt, eine reiche Exokontaktvererzung vorhanden ist. An einer Stelle hatte sich die Intrusion eine Ausbuchtung geschaffen, an der diese Gesteine ganz oder teilweise reduziert worden waren. Und hier fehlt die auf große Erstreckung festgestellte Exokontaktvererzung völlig. [Es sind zwar sulfidische Erzgänge vorhanden, die jedoch eine völlig andere Vererzung (Ni:Cu-Verhältnis) führen.] Derartige Fälle, bei denen die Exokontaktvererzung gewissermaßen durch die Intrusion „ausgepflügt" wurde, weist ROGOWER mit Hilfe seiner Analyse der räumlichen Verbreitung dieser Vererzung eindeutig nach.

Wenn die Exokontakterze tatsächlich aus der Intrusion stammen würden, wäre diese Tatsache kaum erklärlich.

Ein weiteres wichtiges Argument ROGOWERs ist das Ni:Cu-Verhältnis. Im Gabbrodiabas beträgt es 100:150—170; in den Reicherzen des Exokontaktes 100:270—360!

Die Exokontakterze unterscheiden sich vom Erz der Intrusion durch größeren Einfluß des Chalkopyrits,

Millerits, Pyrits und Magnetits sowie hohe Gehalte an „individualisierten Körnern der Platin-Minerale“. Ihre mineralogische Vielfalt, ihr bänderartiger Aufbau, der manchmal symmetrisch ist, ihre Wechselfolge von reicher und armer Vererzung, die sich außerdem durch ihr Ni:Cu-Verhältnis unterscheiden, und schließlich eingeschobene konkordant lagernde taube Schichten — das alles läßt sich offensichtlich nicht durch einen einmaligen Metallzustrom aus der darüberliegenden Intrusion erklären.

Bei der Analyse der vorliegenden Tatsachen über die Gabbrodiabas-Intrusion und ihre Differentiate stellte ROGOWER ferner folgendes fest:

a) Der Hauptunterschied der Vererzung in den Differentiaten der Intrusion besteht darin, daß im pikritischen Gabbrodiabas Pyrrhotin über Chalkopyrit und Pentlandit überwiegt, im taxitischen Pyrrhotin noch auf Kosten von Pentlandit zunimmt, im Kontakt-Gabbrodiabas dagegen — verglichen mit dem taxitischen Erz — Pyrrhotin auf Kosten von Chalkopyrit zurückgeht. Daraus folgt, daß sich mit der Tiefe das Ni:Cu-Verhältnis zugunsten des Kupfers verändert.

b) Eine funktionelle Abhängigkeit zwischen der Mächtigkeit der Intrusion und ihrer vererzten Mächtigkeit fehlt, im allgemeinen wächst die eine zwar gewöhnlich mit der anderen, es wurden jedoch auch bedeutende Abweichungen beobachtet. Eine Mächtigkeitsvergrößerung der Intrusion infolge wachsender Mächtigkeit der pegmatitischen Gabbrodiabase (Gabbrodiorite) wirkt sich auf die vererzte Mächtigkeit nicht aus.

c) Die Vererzung setzt schlagartig ein oder vergrößert sich extrem am oberen Kontakt des pikritischen Gabbrodiabases. (Der Metallinhalt im Erz schwankt stärker in vertikaler als in horizontaler Richtung.) Gewöhnlich wird ein Maximum des Cu-Ni-Inhalts in der Mitte des pikritischen Gabbrodiabases oder im Kontakt mit dem taxitischen Differentiat angetroffen. Bei großer Mächtigkeit des pikritischen Differentiates sind mehrere Maxima der Vererzung möglich. Im taxitischen Gabbrodiabas liegt das Maximum der Vererzung gewöhnlich im Kontakt mit den pikritischen Gabbrodiabasen, seltener in der Nähe der unteren Grenze (Abb. 6).

d) Die Metallgehalte der einzelnen vererzten Differentiate unterscheiden sich wesentlich. Ihre mittleren Gehalte (bezogen auf Olivin-Biotit-Gabbrodiabas) sind in Tab. 1 angegeben.

Tab. 1. Mittlere Metallgehalte

Differentiat	Kupfer	Nickel	Ni:Cu	Platingruppe
Olivin-Biotit-Gabbrodiabas	100	100	100: 131	100
Pikritischer Gabbrodiabas	171,4	187,5	100: 120	172,7
Taxitischer Gabbrodiabas	262,0	225,0	100: 153	200,0
Kontakt-Gabbrodiabas	210,0	162,5	100: 170	157,5

Das taxitische Differentiat ist somit das metallreichste, das pikritische jedoch (das mächtigere und zugleich) das relativ nickelreichere.

e) Wenn die Erze nach ihrem Metallinhalt (Schüttung) im Grundriß umgrenzt werden, deuten sich im Norden zwei Bereiche mit reicher Schüttung an. Gleichzeitig weist sich im Grundriß eine andere äußerst interessante Tatsache aus. Wenn die Schüttung durch das Ni:Cu-Verhältnis ersetzt

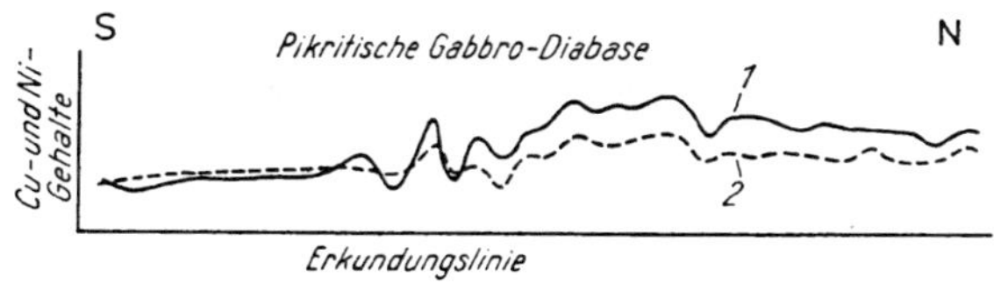

Abb. 7. Veränderlichkeitskurve der durchschnittlichen Cu- und Ni-Gehalte längs der Erkundungslinie im Ostteil von Norilsk I (nach G. B. ROGOWER)

1 — Cu-Gehalt, 2 — Ni-Gehalt

wird, kann eindeutig abgelesen werden, daß das Erz in Richtung Norden kupferreicher wird, d. h., daß in dieser Richtung der Cu-Gehalt stärker wächst als der Ni-Gehalt (Abb. 7). In der gleichen Richtung nimmt jedoch die Mächtigkeit des Intrusivs ab, d. h., waren die Verhältnisse für eine Gravitationsdifferentiation ungünstiger.

Abb. 8. Verteilung der durchschnittlichen Cu-Gehalte in den vererzten pikritischen Gabbrodiabasen (Grundriß) (nach G. B. ROGOWER)

1 — Erze mit hohem Cu-Gehalt, 2 — Erze mit geringem Cu-Gehalt

ROGOWER erklärt dies damit, daß das Magma bei seiner Intrusion die Gesteine im Liegenden „auspflügte“, d. h. assimilierte, zugleich die in diesen Gesteinen enthaltene (sog. Exokontakt-) Vererzung aufnahm, also metallreicher und dabei infolge des anderen Ni:Cu-Verhältnisses von bis zu 100:360 insbesondere kupferreicher wurde. Die Mittelwerte für die Inhalte der Erze sind in Tab. 2 zusammengestellt.

Tab. 2. Mittlerer Erzgehalt

Erztyp	Mittlere Gehalte (in % zum Gehalt im Gabbrodiabas)		
	Kupfer	Nickel	Platingruppe
Durchschnitt des vererzten Gabbrodiabases	100	100	100
Durchschnitt aller „Exokontakt“-Erze	266	131	195
Reiche „Exokontakt“-Erze	620	269	411

Die von ROGOWER angenommene hypergene Anreicherung der Intrusion kann allerdings rechnerisch nicht erfaßt werden, da die tatsächlichen Gehalte und Mengen der assimilierten Gesteine unbekannt, die ursprüngliche Größe der Intrusion (sie ist im Norden von der Erosion angeschnitten) nicht zu bestimmen ist.

Die Anreicherung von S nach N wird für alle Differentiate festgestellt, ausgenommen der nur z. T. vererzte Olivin-Biotit-Gabbrodiabas. Für den pikritischen Gabbrodiabas, das mächtigste Differentiat, ist diese Eigenart besonders gut nachzuweisen (Abb. 8). Gleichzeitig wurde für diese Varietät festgestellt, daß in den ärmeren Erzen Ni = 0,96 Cu ist, während dieses Verhältnis in den reicheren Erzen auf Ni = 0,71 Cu abfällt.

f) ROGOWER fand, daß die Vererzung im Bohrprofil in der Regel nicht allmählich von oben nach unten zunimmt, sondern große Unregelmäßigkeiten, Maxima und Minima aufweist, die mit Hilfe der gravitativen Differentiation nicht zu erklären sind (Abb. 6). Er stellte ferner fest, daß die Vererzung — die so gut wie ausschließlich im Intrusiv mit den untersten drei Differentiaten verbunden ist — diesen Differentiaten folgt, unabhängig davon, ob diese morphologisch Erhebungen bilden oder — wie am westlichen Flügel der Lagerstätte — auskeilend fast steil stehen. In allen diesen Fällen hätten die Sulfide — nach den bisherigen Anschauungen — in die tiefsten Teile der Intrusion abwandern, d. h. sedimentieren, müssen. Und schließlich konnte festgestellt werden, daßi m Süden — unter relativ günstigen Verhältnissen (schichtartige Form, große Mächtigkeit usw.) — die Sulfide am wenigsten konzentriert, auf große Mächtigkeiten der vererzten Differentiate verstreut sind.

Diese und zahlreiche andere Besonderheiten lassen sich nach ROGOWER besser erklären, wenn

angenommen wird, daß die pikritischen und taxitischen Gabbrodiabase zeitlich hintereinander intrudierte Einzelschmelzen sind (wobei der Kontakt-Gabbrodiabas nicht als selbständiges Differentiat, sondern als Endokontaktzone des Taxits betrachtet wird);

beide Differentiate verschiedene Mengen und Qualitäten der „Exokontakterze" assimilierten, woraus sich für beide unterschiedliche Metallanreicherungen und Ni:Cu-Verhältnisse ergaben.

Wenn die sulfidische Vererzung somit nicht auf die ganze Intrusion, sondern nur auf das pikritische und taxitische Differentiat zurückgeführt wird, kann die geringe Vererzung des Olivin-Biotit-Gabbrodiabases an der Grenze zum pikritischen Gabbrodiabas als epigenetisch, d. h. als im Exokontakt der Pikrite pneumatolytisch entstanden, betrachtet werden. Gleichzeitig kann begründet angenommen werden, daß der taxitische Gabbrodiabas als Einzelschmelze große Mengen flüchtiger Komponenten (s. dessen Struktur) enthielt, die nicht nur die Sulfide nach oben an den Kontakt zum pikritischen Gabbrodiabas „flotierten", sondern unter Umständen auch einen Teil ihrer Sulfide in die Pikrite übertragen konnten. Damit wären die im pikritischen Gabbrodiabas angetroffenen zwei Arten Einsprenglinge erläutert.

Hintereinander intrudierte Einzelschmelzen des pikritischen und taxitischen Gabbrodiabases erklären auch einzelne Beobachtungen, nach denen beide Differentiate „wechsellagern" (Abb. 6), d. h. die Taxite in die Pikrite intrudierten oder taxitischer und Kontakt-Gabbrodiabas selbständig, d. h. ohne die übrigen Differentiate, im Labradorporphyrit lagern. Ähnliche Abweichungen vom Normalprofil waren wiederholt in Bohrungen beobachtet worden, z. B. selbständige, voneinander getrennte, mächtige Pikrite und Taxite im Olivin-Biotit-Gabbrodiabas.

Erschwert wird die endgültige Entscheidung durch die Tatsache, daß neben exakten, scharfen Kontakten auch eindeutig allmähliche Übergänge von den Taxiten zu den Pikriten und insbesondere von diesen zum Olivin-Biotit-Gabbrodiabas beobachtet wurden.

6. Schlußfolgerungen G. B. ROGOWERS

ROGOWER gelangte zu dem Schluß, daß das Eindringen der differenzierten Gabbrodiabas-Intrusion in Norilsk kein einmaliger Akt war, sondern in mehreren Einzelphasen erfolgte; diesen gingen außerdem mehrere für die derzeitige Lagerstätte wichtige, von der Intrusion jedoch unabhängige Akte voraus.

Er geht von einem einheitlichen Magmenherd aus, der sowohl das Material für die älteren Labradorporphyrite und Titanaugitdiabase und für die Emanationen, die zur Bildung der „Exokontaktvererzung" führten, als auch für die Einzelschmelzen der Gabbrodiabas-Differentiate lieferte.

ROGOWER verlegt die Liquation der Schmelze, ihre Differentiation, in den Magmaherd, aus dem nacheinander folgende Einzelschmelzen auf der gleichen Schwächezone im Profil intrudierten (wie vorher bereits die Porphyrite, Diabase und Emanationen):

a) Gabbrodiabase (Olivin-, poikiloophitische und Olivin-Biotit-Gabbrodiabas),
b) pikritischer Gabbrodiabas,
c) taxitischer Gabbrodiabas mit Kontakt-Gabbrodiabas als Endokontaktzone,
d) pegmatitische Gabbrodiabase, Gabbrodiorite und Gabbro (die alle übrigen Differentiate der Intrusion schneiden).

Die Vererzung der Lagerstätte Norilsk darf nach ROGOWER nicht nur als liquidmagmatisch betrachtet werden, sie ist komplizierter. Neben dem Hauptanteil aus der Liquation wurde Erz assimiliert, und ein gewisser Anteil ist pneumatolitisch entstanden.

Für die praktische Arbeit ergibt sich aus der Arbeit ROGOWERs eine Erweiterung der für die geologische Erkundung höffigen Räume, da

a) eine Vererzung vom Typ der Norilsker „Exokontakterze" nicht unmittelbar an eine Intrusion gebunden ist;
b) bei einer Intrusion von Einzelschmelzen nicht mehr der Differenzierungsgrad einer Intrusion entscheidend ist (der bisher als wesentliches Suchkriterium galt);
c) sulfidische Cu-Ni-Vererzung, die räumlich nicht mit Gabbrodiabasen verbunden ist, sich auf hydrothermalem und anderem Wege auch in anderen Gesteinen bilden kann.

G. B. ROGOWER kann bestätigt werden, daß er einen bemerkenswerten Beitrag zur Genese der Lagerstätte Norilsk geliefert hat. Seine Arbeit ist ein anschauliches Beispiel für die Methode der geologischen Analyse, die neben Stratigraphie, Tektonik und Lithologie angewendet werden muß. Das eingehende geologische Studium der Vererzung, d. h. dessen, was praktisch an einer Lagerstätte besonders interessiert, hat im vorliegenden Falle zu neuen genetischen Anschauungen geführt, die ihrerseits die zukünftige praktische Arbeit beeinflussen.

Wir sollten viel stärker und intensiver als bisher diese Methode pflegen und entwickeln, weil sie zweifellos auch uns zu neuen Erfolgen verhelfen kann.

Zusammenfassung

Die Cu-Ni-Lagerstätte Norilsk wird kurz charakterisiert. Ihre wichtigsten Besonderheiten, die von G. B. ROGOWER (1959) beschrieben und gedeutet wurden, werden referiert. Sie rufen berechtigte Einwände gegen die bisher herrschende genetische Vorstellung über diese Lagerstätte hervor. Auch für diese Lagerstätte ist ein mehrphasiger Intrusionsprozeß wahrscheinlich, wobei die Vererzung einige lokal bedingte Eigenarten aufweist.

Резюме

Норильское медно-никелевое месторождение кратко описывается. В реферативном виде обсуждаются его важнейшие особенности, описанные и интерпретированные Г. Б. РОГОВЕРЫМ (в 1959 г.). Они вызывают оправданные возражения против существующего до сих пор предположения о происхождении этого месторождения. И для этого месторождения надо предполагать многофазный процесс внедрения, причем оруденение показывает некоторые местные особенности.

Summary

The copper-nickel deposit of Norilsk is briefly characterized. Its most important characteristics, described and explained by G. B. ROGOWER (1959), are reported. They raise justified objections against the genetic conception so far prevailing of this deposit, for which a multiphase intrusion process is probable too, with some locally conditioned characteristics shown by the mineralization.

I. JA. NEKRASOW, UdSSR

Über die Bildungsbedingungen einiger Zinnerzlagerstätten[1]

Referiert von THOMAS KAEMMEL, Berlin

Die endogenen Zinnlagerstätten nehmen eine spezifische geochemische Stellung im postmagmatischen Mineralisationsablauf der Hochplutone und Subvulkane ein, so daß die geochemisch-petrographische Assoziation der Lagerstätten in verschiedenen Gebieten viele gemeinsame Züge aufweist. Diese Tatsache kommt auch in der von NEKRASOW für die quarzige Zinnformation in Nordjakutien aufgestellten Charakteristik zum Ausdruck. Das im NE der Sowjetunion gelegene Gebiet gehört zum Werchojansker Faltungssystem, dessen Hauptfaltung in der höheren Unterkreide erfolgte. Die zinnführenden granitischen Intrusiva bilden lagen-, platten-, linsen- und batholithähnliche Körper, die bis 2000 km² Fläche einnehmen. Ihr Intrusionsniveau beträgt 3 bis 7 km. In diesem Gebiet hat die quarzige Zinnformation im Vergleich zur Zinnstein-Sulfid-Formation nur untergeordnete Bedeutung. Neuere Untersuchungen galten vor allem der quarzigen Zinnformation und der Übergangsformation zwischen dieser und der Zinnstein-Sulfid-Formation. Der Autor kann seine und bereits früher gemachte Beobachtungen für den nordjakutischen Erzdistrikt folgendermaßen generalisieren:

1. Der größte Teil der quarzigen Zinnformation ist an kuppelförmige Anschnitte batholithähnlicher Intrusiva gebunden. Die Erze treten vorwiegend in schwebenden Gängen, seltener in steilen Gängen, ferner in linear angeordneten Zonen in Form von Stockwerken u. ä. auf.

2. Die Lagerstätten des Übergangstyps sind an die Kontakthöfe — in jurassischen und triassischen Sedimenten von sandig-toniger Zusammensetzung — nicht zutage austretender Granite geknüpft. Bei diesem Typ treten auch Gänge, die in Zerrüttungszonen übergehen, auf. Die Gänge sind vorwiegend an Sandsteinpakete gebunden, die Zerrüttungszonen an flachliegende Schiefer oder Sandstein-Schiefer-Komplexe.

Die Mineralabfolge ist sehr mannigfaltig und für uns durch das zweimalige Auftreten von Kalifeldspatmineralien in der höchsttemperierten Mineralisationsstufe interessant. In dieser Stufe treten Mikroklinperthit und Adular gemeinsam neben Topas, Biotit, Hydromuskovit, Fluorit, Zinnstein und Quarz auf. Lagerstättenkundlich besonders wichtig ist das zweite Stadium, in dem sich Quarzgänge der quarzigen Zinnformation bilden. In dieser Mineralisationsstufe kommen neben Quarz und Zinngestein Wolframit, Arsenopyrit, Topas, Molybdänglanz, Wismut und Wismutglanz, ferner Rutil, Anatas und Brookit vor. In den Lagerstätten des Übergangstyps bildeten sich Turmalin und Chlorit, auch Bleiglanz, Zinkblende, Zinnkies, Boulangerit und Fahlerz. Den Abschluß bildet eine erzfreie karbonatische Mineralisationsstufe.

Für die Entstehung der quarzigen Zinnformation hält der Autor folgende Beobachtungen für wichtig:

1. Alle granitischen Gesteine enthalten Zinn in merklichen Mengen als Spurenelement, und zwar ist der Zinngehalt um so höher, je saurer das Gestein ist. Lediglich die metasomatischen Albitgranite haben einen Zinngehalt, der höchstens so hoch ist wie die CLARKE-Zahl des Zinns. Das Zinn ist an Zinnstein, Biotit und untergeordnet an Hornblende gebunden.

2. Unterhalb der Gänge usw. der quarzigen Zinnformation liegen die erwähnten metasomatisch albitisierten Granite. Mit der Albitisierung ist eine Fluorzufuhr und eine Muskovitisierung des Biotits verbunden, die eine Verringerung der Zinngehalte in Glimmer bedingen.

Aus diesen Erscheinungen folgert NEKRASOW, daß alkalische postmagmatische Lösungen, die zu einer Albitisierung des Granits geführt haben, Sn lösten und dieses vielleicht als $Na_2[Sn(OH, F)_6]$ transportierten. Bei der Verringerung des pH-Wertes schied sich dann Zinnstein aus, wobei sich gleichzeitig freie Flußsäure bildete, die zu der Vergreisenung mit Abfuhr von Na und K führte.

Diese Deutung hat Berührungspunkte mit der z. Z. häufiger wieder geforderten lateralsekretionären Hypothese. In diesem Beispiel ist allerdings der Unterschied zu der bisherigen Auffassung, nach der ein früher Gehalt des Sn in den magmatischen Restlösungen angenommen wird, nur gering.

NEKRASOW nimmt an, daß das Zinn in die früher gebildeten Restlösungen durch Laugung des Biotits gekommen ist, während nach SCHNEIDERHÖHN u. a. die leichtflüchtigen Restlösungen des zinngranitischen Magmas — ein System, das Komponenten mit großen Flüchtigkeitsunterschieden enthält — selbst bereits das Zinn führten, nachdem es sich bei der Abtrennung der leichtflüchtigen Phase aus dem Magma dort angereichert hatte. Es handelt sich also um einen ähnlichen Vorgang, wie er von NEKRASOW gefordert wird: Anreicherung durch Wechselwirkung zweier Phasen während der spät- und postmagmatischen Prozesse innerhalb eines magmatischen Komplexes, in dem das Zinn vorangereichert

Tab. Zufuhr und Abfuhr der wichtigsten Elemente in verschiedenen Gesteinen des Untersuchungsgebietes gegenüber albitisiertem Granit, nach der Methode von BARTH berechnet

I	II	III
Zufuhr	Zufuhr	Zufuhr
Mn – 2	K – 11	K – 8
Fe^{III} – 2	Ca – 9	Mn – 8
Si – 127	Mn – 4	Fe^{II} – 17
F – 32	Fe^{II} – 3	Fe^{III} – 3
Sn – 3	Al – 8	Al – 3
W – 2	Sn – 1	Si – 277
	F – 71	F – 88
Abfuhr	OH – 137	OH – 87
K – 29		
Na – 47	Abfuhr	Abfuhr
Ca – 5	Na – 40	Na – 38
Mg – 23	Mg – 24	Mg – 22
Fe^{II} – 12	Fe^{III} – 2	Ti – 5
Al – 79	Ti – 5	T – 1
Ti – 5	Si – 67	
P – 1	P – 1	
OH – 67		

I — vergreisenter und verquarzter Granit, II — Topas-Glimmer-Quarz-Greisen, III — Topas-Quarz-Greisen

[1]) Aus: „Geologija rudnych mestoroshdenij", Nr. 9, 1961, S. 38—50

worden ist. Welche der beiden Anschauungen dem Naturprozeß am nächsten kommt, werden möglicherweise künftige Untersuchungen ergeben.

Auch in der erzgebirgischen Zinnprovinz hat eine intramagmatische Vorkonzentration des Zinns stattgefunden. Dieses Spurenelement des Gesteins ist heute an Zinnstein und akzessorisch an den Biotit gebunden. Ebenso treten in Verbindung mit Zinnlagerstätten albitisierte Granite auf (Zinnwald, Altenberg, Ehrenfriedersdorf). Aber diese Beobachtung wurde nicht so stark betont wie in der Arbeit von NEKRASOW. TEUSCHER beobachtete allerdings in Verbindung mit der Autometamorphose eine Zinnsteinneubildung im Granit von Eibenstock.

Sedimentärer Fluorit – eine bis jetzt übersehene Gefahrenquelle für die Dolomitindustrie[1])

PETER KRÜGER, Freiberg

1. Einleitung

Einer der Hauptindustriezweige des Bezirkes Gera ist die dolomitgewinnende und -verarbeitende Industrie. In mehreren großen Steinbrüchen südlich und nördlich Gera wird der Plattendolomit = Ca_3d (früher zo_2 des Oberen Zechsteins) abgebaut. Im VEB Dolomitwerk Wünschendorf/Elster wird aus diesem Rohmaterial Sinterdolomit für die Hüttenindustrie hergestellt.

In der letzten Zeit häufen sich die Klagen über Schwierigkeiten bei der Herstellung des Sinterdolomits. Normalerweise liegt der Sinterpunkt des Rohsteins bei 1700—1750° C. Der Rohstein aus Caaschwitz schmilzt jedoch teilweise schon bei 1500°C und bildet dabei glasige Massen, die das Nachsacken des Aufgabegutes im Ofen verhindern. Der MgO-Gehalt dieses Dolomites sank teilweise bis auf 7% ab. Diese Erscheinungen wurden bisher stets auf die Verarbeitung von sog. „Weißkalkbänken" zurückgeführt, die nach einem viele Jahre zurückliegenden Gutachten angeblich in den hangenden Partien des Plattendolomits von Caaschwitz eingeschaltet sein sollten.

Im folgenden soll kurz auf die Ergebnisse der Untersuchungen eingegangen werden, die Verf. in den letzten Jahren durchführte. Eine ausführliche Darstellung der mineralogisch-geochemischen Untersuchungsergebnisse sowie die genetische Deutung mit ausführlicher Bibliographie werden in der „Bergakademie" veröffentlicht (KRÜGER 1962).

2. Petrographie des Plattendolomits von Caaschwitz

Ausführliche feinstratigraphische, sedimentpetrographische und geochemische Untersuchungen führten KRÜGER (1958) und OEHME (1959) in den Jahren 1957 bis 1959 durch. Besonders die Dünnschliffuntersuchungen und das Studium der Ca-Mg-Verhältnisse durch OEHME zeigten, daß es sich beim Plattendolomit von Caaschwitz stets um einen Dolomit handelt und daß von sog. „Weißkalkbänken" keine Rede sein kann. Auch der „Runkelkalk" ist trotz der helleren Farbe kein reiner Kalk, sondern ein Dolomit. Da auch die MgO-Gehalte von Wünschendorf nach Caaschwitz steigende Tendenz zeigen, muß das Absinken der MgO-Gehalte andere Ursachen haben.

3. Das Vorkommen von sedimentärem Fluorit

Aus Caaschwitz ist das Auftreten violett gefärbten, gut kristallisierten Fluorits schon länger bekannt. 1957 wurden jedoch von KRÜGER und OEHME in den oberen Partien des Plattendolomits (dem sog. „Runkelhorizont") eine Linse von ca. 1,70 m Länge, 0,90 m Höhe und unbekannter Tiefe sowie eine schwärzliche, konkordante Zwischenschicht von ca. 0,10 m Mächtigkeit beobachtet. Dieses Material unterschied sich vom Dolomit deutlich durch die dunklere, fast schwarze Farbe und die gröbere, zerreibliche Ausbildung. Im trockenen Zustand blich die graue Farbe schnell aus und wurde grau.

Durch Vergleiche mit der Arbeit von ABRAMOWITSCH & NATSCHAJEW (1960) 1960 und durch eigene Untersuchungen konnte dieses schwärzliche Material als **sedimentärer Fluorit** erkannt werden (OEHME 1959, KRÜGER 1962). Die chemische Analyse ergab folgende Werte:

(Analytiker: GRIMMER / LOHSE):

CaF_2 theoretisch	CaF_2 gefunden (Probe F 9)
51,33 Ca	53,43 Ca
48,67 F	47,8 F
100,00	101,23

Neubegehungen des Bruches Caaschwitz im Juni 1962 ergaben ebenfalls ein starkes Auftreten dieses sedimentären Fluorites. Die Farbe der Zwischenschichten war jedoch teilweise heller als die des Materials von 1957, was auf einen höheren Dolomitanteil zurückzuführen ist. Die chemische Analyse ergab 20,2% F, das entspricht immer noch einem Fluoritgehalt von rd. 41% Fluorit im Dolomit! Lumineszenzuntersuchungen mit der UV-Lampe ergaben, daß auch der umgebende Dolomit stark mit farblosen Fluorit imprägniert ist. Der violette, z. T. in ausgezeichneten Würfeln kristallisierende Fluorit kommt nur unterhalb der schwärzlich-grauen Einlagerungen vor und ist als Mobilisationsprodukt des sedimentären Fluorits aufzufassen.

Das untypische Aussehen des sedimentären Fluorits scheint die Ursache dafür zu sein, daß er trotz häufigen Auftretens bisher nicht erkannt wurde.

4. Genese des Fluorits

In der erwähnten Arbeit (1960) werden analoge Vorkommen aus den Kungur-Dolomiten des Bezirkes Perm beschrieben. Danach bildet sich der sedimentäre Fluorit während der Präsalinarfazies aus stark konzentrierten Meereslaugen bei einem gewissen Süßwasserzufluß. Dasselbe konnte für den oberen Teil des Plattendolomits im Geraer Becken gezeigt werden (1958 u. 1962). Der schwärzlich-graue Fluorit wurde syngenetisch mit dem Dolomit abgeschieden. Der Fluorgehalt dürfte aus dem Verwitterungsschutt der Granite des Westerzgebirges und des Vogtlandes stammen.

5. Die wirtschaftliche Bedeutung des sedimentären Fluorits

Ein Abbau und eine wirtschaftliche Gewinnung dieses sedimentären Fluorits scheint vorläufig nicht möglich zu sein, da es sich um linsenförmige und dünnschichtige

[1]) Mitteilung Nr. 130 aus dem Institut für Mineralogie und Lagerstättenlehre an der Bergakademie Freiberg/Sachsen. – Eingang des Manuskripts in der Redaktion: 13. 6. 1962

Einlagerungen wechselnder Mächtigkeiten im „Runkelhorizont" handelt, deren horizontale Ausdehnung noch nicht bekannt ist. Auch ein Aushalten des Fluorits bei der Dolomitgewinnung dürfte abbautechnisch recht schwierig sein, da der Fluorit und der fluorithaltige Dolomit nur im feuchten Stadium einigermaßen sicher vom reinen Dolomit unterschieden werden können. Eine Erkundung der horizontalen Ausdehnung dieser wahrscheinlich horizontbeständigen Schichten müßte aber doch von Interesse sein. Die Bedeutung des sedimentären Fluorites ist wahrscheinlich doch recht erheblich; denn Verf. sieht in ihm die Ursache für die Schwierigkeiten bei der Sinterdolomitherstellung. Wenn man überlegt, daß Fluorit einen Schmelzpunkt von 1270° C hat, der Rohstein aus Caaschwitz, statt bei 1700—1750° C zu sintern, teilweise schon bei 1500—1550° C zu glasigen Massen schmilzt[2]), so muß man tatsächlich den sedimentären Fluorit und nicht einen „Weißkalk" als Ursache hierfür annehmen. Die oberen Partien des Plattendolomits aus Caaschwitz wirken sich demzufolge negativ auf die Sinterdolomitherstellung aus. Es sollte geprüft werden, inwieweit dieser fluorhaltige Dolomit als Flußmittel für Eisengießereien usw. verwendet werden kann. Ausdrücklich muß aber festgestellt werden, daß sedimentärer Fluorit bis jetzt nur im „Runkelhorizont" von Caaschwitz festgestellt werden konnte und weder in dem „Übergangsdolomit" und dem „Plattenhorizont" (1958, 1962 u. 1959) noch in den anderen Plattendolomitbrüchen nördlich und südlich Gera.

[2]) Nach frdl. Mitteilung vom Koll. DATHE, VEB Dolomitwerk Wünschendorf/Elster, dem Verf. an dieser Stelle herzlich danken möchte.

6. Folgerungen

Syngenetisch-sedimentärer Fluorit dürfte weiter verbreitet sein, als bis jetzt bekannt ist. Bei sedimentpetrographischen Untersuchungen besonders der Zechsteindolomite sollte in Zukunft besonderes Augenmerk auf solche Fluorit-Einschaltungen gelegt werden. Dabei müssen nach Meinung des Verf. in erster Linie Gesteine, die bei Bohrungen usw. als „Dolomitsand", „graue, zerfallende Zwischenlage" u. ä., bezeichnet wurden, auf Fluorit untersucht werden.

Literatur

ABRAMOWITZSCH, J. M. & J. A. NATSCHAJEW: Autigener Fluorit in den Kungur-Schichten des Uralvorlandes im Gebiet von Perm. — DAN SSR **135** (1960), 2, S. 414—415 (dtsch. Übers.).

KRÜGER, P.: Geochemische Untersuchungen der Sedimente des Oberen Zechsteins im Gebiet des Geraer Beckens. — Unveröffentlichte Diplomarbeit am Institut für Mineralogie und Lagerstättenlehre der Bergakademie Freiberg (1958).

KRÜGER, P.: Über syngenetisch-sedimentären Fluorit im Plattendolomit des Geraer Beckens. — Bergakademie, **10**, H. 11 (im Druck), Freiberg 1962.

OEHME, W.-D.: Der Plattendolomit im Raume des Geraer Vorsprunges. — Unveröffentlichte Diplomarbeit am Geologischen Institut der Bergakademie Freiberg (1959).

Zur Grundwasservorratsklassifikation[1])

HANS-JÖRG WEDER, Berlin

Einleitung

„Für eine Bilanzierung von Grundwasservorräten müßte man m. E. unter Berücksichtigung ihrer Andersartigkeit gegenüber Vorräten fester mineralischer Rohstoffe eine neuartige Klassifikation und eine im einzelnen begründete, vielseitige umfassende Berechnungsmethodik auf Grund komplexer Forschung in der Zukunft erst noch erarbeiten."

Mit diesem Satz schließt R. HOHL in Heft 12/1961 der „Zeitschrift für angewandte Geologie" seinen Beitrag „Zur Klassifikation von Grundwasservorräten" und bewertet damit die von J. ZIESCHANG in Heft 6/1961 der gleichen Zeitschrift gemachten Vorschläge ausdrücklich negativ.

HOHL vertrat die Meinung, daß Grundwasserlagerstätten anderen Gesetzen gehorchen als alle anderen Lagerstätten nutzbarer Mineralien und Gesteine einschließlich Erdöl, so daß der „Abbau" sehr verschieden von diesen vorgenommen wird, und daß dies schon darin zum Ausdruck kommt, daß man nicht von Grundwasserlagerstätten, sondern von Grundwasserspeicherstätten spricht. Weiterhin hat HOHL zum Ausdruck gebracht, daß Lagerstätten fester mineralischer Rohstoffe an bestimmten Stellen in der Erdkruste angereichert lagern und, in Hinblick auf die Tatsache, daß das Grundwasser am Gesamtkreislauf des Wassers auf der Erde teilnimmt, daraus geschlußfolgert, daß dieses anderen Gesetzen gehorcht als Mineralien und Gesteine.

Da dieses Thema bzw. die Diskussion darüber neben den Hydrogeologen vor allem auch die Wasserwirtschaftler angeht, soll an dieser Stelle auf einige Termini näher eingegangen werden.

Unter einer Lagerstätte versteht man allgemein „abbauwürdige Konzentrationen volkswirtschaftlich nutzbarer Mineralien und Gesteine". Diese Definition gestattet bereits ihre Anwendung auf das Grundwasser; denn sie sagt gar nichts darüber aus und ist völlig unabhängig davon, ob das Mineral statischen oder dynamischen Gesetzen unterliegt.

Ein Grundwasserleiter oder grundwasserführender Gesteinskörper ist nach dem Standard der DDR DIN 4049 „ein Teil der Erdrinde, der Grundwasser enthält und geeignet ist, es weiterzuleiten" (Permeabilität). Mit der Bezeichnung eines Gesteins oder Gesteinskomplexes als Grundwasserleiter ist jedoch noch keine Feststellung darüber getroffen, inwieweit und ob überhaupt eine „abbauwürdige Konzentration" an Grundwasser vorhanden ist. Das heißt aber, daß ein Grundwasserleiter zunächst einmal einem Grundwasser-„Vorkommen" gleichzusetzen ist.

Noch allgemeiner ist der Begriff Speicherstätte, aus dem nicht hergeleitet werden kann, ob das Mineral statischen oder dynamischen Gesetzen unterliegt, auch nicht, ob eine „abbauwürdige Konzentration" in der Speicherstätte enthalten ist, ja noch nicht einmal, ob das Mineral überhaupt in der Speicherstätte vorkommt. Daraus folgt, daß ein vorhandenes Speichergestein (Speicherstätte) durchaus kein Grundwasserleiter oder eine Grundwasserlagerstätte im Sinne der Definition zu sein braucht. Es folgt aber auch daraus, daß sich erst aus einer additiven Verbindung von Speicherstätte und Grundwasser ein Grundwasserleiter oder aus der Speicherstätte und einer „abbauwürdigen Konzentration" von Grundwasser eine Grundwasserlagerstätte ergibt. Die Speicherstätte bildet also in

[1]) Eingang des Manuskripts in der Redaktion: 17. 4. 62

jedem Falle nur eine Voraussetzung für einen Grundwasserleiter oder eine Grundwasserlagerstätte.

Betrachtet man das andere von HOHL vorgebrachte Argument, so muß festgestellt werden, daß auch das Grundwasser an bestimmten Stellen in der Erdkruste angereichert ist und eben an diesen Stellen Grundwasserleiter oder Grundwasserlagerstätten bildet.

Was jedoch besondere Beachtung verdient, ist der Zusammenhang bzw. die Zugehörigkeit des Grundwassers zum Wasserkreislauf, worin die Orts- und Zustandsänderungen des Wassers durch Niederschlag, Verdunstung, Rücklage, Aufbrauch und Abfluß eingeschlossen sind. Um aufzuzeigen, daß daraus nicht abgeleitet werden kann, daß das Grundwasser oder dessen Lagerstätten völlig anderen Gesetzen gehorchen als andere Lagerstätten, soll vom wasserwirtschaftlichen Begriff des Grundwasserdargebotes ausgegangen werden. Darunter wird das unterirdisch zum Abfluß kommende Wasser eines Flußgebietes verstanden, das sich aus den Teilen der Niederschläge zusammensetzt, die zur Grundwasserneubildung führen. Es wird gegliedert:

in den natürlichen Zufluß zu den Gewässerbetten,
in den unterirdischen Abfluß außerhalb dieser und
in das im Flußgebiet geförderte Wasser (siehe Lit.: „Analyse der wasserwirtschaftlichen Verhältnisse der Flußgebiete“ 1959).

Im Sinne einer Bilanzierung, d. h. der mengenmäßigen Erfassung des Wasserkreislaufes, ist diese Definition des Begriffes Grundwasserdargebot jedoch nicht umfassend genug und sollte durch „Vorräte des natürlichen Grundwasserdargebotes“ ersetzt werden. (ZIESCHANG 1961). Mit diesem Begriff, der definiert werden soll als

diejenigen Grundwassermengen, die sich durch Versickerung oder Versinkung aus den Niederschlägen oder aus Oberflächenwasser bilden und zum Grundwasser gelangen (Neubildung),
die sich unterirdisch zwischen zwei Punkten bewegen und
die gewonnen werden können, ohne die „statischen“ Grundwasservorräte zu beeinträchtigen,

wird sowohl einer Erfassung und Bilanzierung des Grundwasserdargebotes als auch der Methoden, die zur Bestimmung des Grundwasserdargebotes führen, Rechnung getragen.

Aus dieser Definition folgt, daß es ohne „statische“ Grundwasservorräte keine Vorräte des natürlichen Grundwasserdargebotes geben kann, daß sich der „Abbau“ in der Regel auf die Vorräte des natürlichen Grundwasserdargebotes bezieht und daß diese deshalb dauernd gewinnbar sind, weil sie am Wasserkreislauf teilnehmen.

Die Differenzierung in Vorräte des natürlichen Grundwasserdargebotes und in „statische“ Grundwasservorräte ist als Abstraktion unumgänglich, weil einmal ohne Wasserkreislauf effektiv nur statische Grundwasservorräte vorhanden wären und zum anderen die „statischen“ Grundwasservorräte der „Auffüllung“ dienen bzw. als „Polsterung“ einer Grundwasserlagerstätte aufzufassen sind und, neben dem Vorhandensein einer Speicherstätte, die andere Voraussetzung für eine Grundwasserlagerstätte, d. h. für eine dauernd gewinnbare Grundwassermenge, bilden.

Durch die Gebundenheit der Vorräte des natürlichen Grundwasserdargebotes an den Wasserkreislauf ergibt sich also eine Besonderheit des Grundwassers, das sich aus der Reihe der Bodenschätze dadurch hervorhebt, daß der Bodenschatz[2]) Grundwasser die Fähigkeit besitzt, sich laufend zu erneuern. Damit bildet aber das Grundwasser einen Teil einer dynamischen Erscheinung, und daraus folgt, daß dies bei der Erforschung, Erschließung und bei seinem „Abbau“ (Bewirtschaftung) zusätzlich Berücksichtigung finden muß. Ansonsten sind für eine Grundwasserlagerstätte die gleichen Gesetzmäßigkeiten zutreffend, die auch für die Erkundung, Bilanzierung und den Abbau von Lagerstätten fester mineralischer Rohstoffe sowie von Erdöl und Erdgas Gültigkeit haben.

Aus der Besonderheit der Lagerstätte Grundwasser ergeben sich selbstverständlich andere Methoden für eine Vorratsberechnung als bei mineralischen Rohstoffen; aber daraus kann keinesfalls die Unbrauchbarkeit einer jeglichen Klassifikation der Grundwasservorräte abgeleitet werden. Wollte man das schlußfolgern, so wäre das gleichbedeutend mit einer Negation der „Einheit“ von Untersuchungsstadium, Methodik und Vorratsklasse; denn schließlich soll eine Grundwasservorratsklassifikation einheitliche Prinzipien festlegen, nach denen die Berechnung und Bilanzierung der in den Lagerstätten vorhandenen Grundwasservorräte erfolgt.

Verf. ist nicht der Meinung, daß man nach HOHL „zunächst einmal weiter bei Mengenberechnungen von nutzbaren Grundwasserfeldern“ bleiben sollte. Einmal wurden derartige Berechnungen nicht in jedem Falle durchgeführt oder die Berechnungsmethoden genügten nicht den Anforderungen, d. h., sie waren beschreibend und nicht analytisch, oder aber die Berechnungsmethoden berücksichtigten nicht das jeweilige Untersuchungsstadium. Zum anderen sind die Bestrebungen der Wasserwirtschaft darauf gerichtet, im Interesse der Volkswirtschaft vor allem auch für das Grundwasser die „Aktiva“ und „Passiva“ so schnell wie möglich festzustellen. Inwieweit dabei die Grundwasserbilanz ausschließlich von seiten der Wasserwirtschaft oder von seiten der Hydrogeologie aufgestellt oder ob diese in einer echten Zusammenarbeit geschaffen werden sollte, braucht an dieser Stelle nicht erörtert zu werden. In jedem Falle aber ist eine Klassifikation der Grundwasservorräte von entscheidender Bedeutung für die hydrogeologischen Untersuchungsarbeiten. Sie gestattet und verlangt geradezu eine Vereinheitlichung der Untersuchungsmethodik. Durch die Notwendigkeit der Berechnung von Vorräten ergibt sich aus ihr die Forderung nach Hebung der Qualität der Untersuchungsergebnisse auf ein einheitliches Niveau, und sie gewährleistet in gewissem Sinne eine Vergleichbarkeit der Ergebnisse untereinander.

Was die Bilanzierung der Grundwasservorräte angeht, so erstreckt sich diese selbstverständlich auf die Menge und auf die Güte (Aufbereitbarkeit) des Wassers, und sie muß unter Berücksichtigung des gegenwärtigen und künftigen Bedarfs von Bevölkerung und Volkswirtschaft durchgeführt werden. Eine möglichst exakte Bilanzierung durchzuführen, liegt dabei im Interesse aller und sollte grundsätzlich nur in Zusammenarbeit der Wasserwirtschaft mit der Hydrogeologie erfolgen.

Was die Berechnungsmethoden betrifft, so sei festgestellt, daß sie durchaus für die praktischen Erfordernisse befriedigende Ergebnisse zeitigen. Das trifft auf die unterirdische Abflußspende für ein bestimmtes

[2]) „Der Begriff Bodenschatz ist in keinem Gesetz definiert. Man kommt ihm am nächsten, wenn man darunter ‚die den Bedürfnissen der Menschen dienlichen Bestandteile der Erdrinde‘ versteht“ (s. K. EBERT: „Bergrecht“, 1. Lehrbrief, Freiberg/Sa., 1957).

Gebiet, die unter Berücksichtigung der Gesteinsbeschaffenheit durch die Versickerung aus den Niederschlägen zu ermitteln ist, ebenso zu wie auf einen kontinuierlichen Grundwasserzufluß, der sich aus den Fördermengen der Brunnengalerien von Wasserwerken oder aus Einzelbrunnen (mit mehr punktförmigem Zufluß) ergibt.

Die nach wie vor wichtigsten und in der Praxis am meisten (weil exaktesten) angewandten analytischen Methoden sind jene, die den Grundwasserdurchfluß auf einer Linie bei Anwendung von Durchflußgleichungen ermitteln. Unter den verschiedenen Gleichungen dieser Art muß die von DARCY als am zweckmäßigsten bezeichnet werden, weil sie ohne Zweifel hinreichend genaue Werte liefert, d. h. den Anforderungen der Praxis durchaus genügt und sich insbesondere durch ihre Unkompliziertheit auszeichnet. Bereits KING (1898) stellte mittels umfangreicher Versuche fest, daß das Gesetz von DARCY im Bereich der praktisch in Frage kommenden Grundwassergeschwindigkeiten durchaus brauchbar ist. Andere Autoren wie FORCHHEIMER (1901), PRINZ (1923) u. a. haben das gleiche bestätigt.

Fast so alt wie das Gesetz von DARCY selbst sind aber auch die Stimmen, die es anzweifeln oder gänzlich ablehnen (SMREKER 1914, MÜLLER-DELITZSCH 1951). Trotz dieser Tatsache bildet jedoch das DARCYsche Gesetz bis in die heutige Zeit die wesentlichste analytische Methode für Grundwasserberechnungen. Das ist in allen Ländern der Fall, in denen Hydrogeologie der Lockergesteine betrieben wird.

Indessen kann tatsächlich nicht übersehen werden, daß die Durchflußgleichung nach DARCY, in der die Geschwindigkeit des Grundwassers v gleichgesetzt ist dem Produkt aus dem Durchlässigkeitsbeiwert k_f und dem natürlichen Gefälle des Grundwassers i, einen gewissen Widerspruch in sich trägt. Dieser Widerspruch liegt in der funktionellen Abhängigkeit des fälschlicherweise als Bodenkonstante bezeichneten k_f-Wertes sowohl vom Grundwassergefälle als auch von im weiteren Sinne geologischen Faktoren. So läßt sich z. B. bei geologischen Untersuchungsarbeiten ohne große Mühe feststellen, daß die k_f-Werte bis um etwa $\pm 50\%$ schwanken können und damit unter Umständen beträchtliche Auswirkungen negativer Art auf die Ergebnisse haben.

Auf Grund dessen muß es also für die Zukunft in erster Linie nicht so sehr darauf ankommen, nach völlig neuen Berechnungsverfahren zu suchen, als vielmehr die Toleranzen, die sich u. a. aus den k_f-Wert-Bestimmungen ergeben, auf ein zu forderndes Minimum ($\pm 10\%$) einzuengen.

In diesem Zusammenhang soll nicht unerwähnt bleiben, daß im Lockergesteinsbereich nicht allein Pumpversuche zur Ermittlung des Durchlässigkeitsbeiwertes führen, sondern daß z. B. die von ZIESCHANG (1961) vorgeschlagene Verbesserung der k_f-Wert-Bestimmungen durch Siebanalysen ausgezeichnete Übereinstimmung mit den nach THIEM aus Pumpversuchen errechneten Werten ergibt.

Zur Klassifikation

Bei hydrogeologischen Untersuchungsarbeiten werden folgende Stadien unterschieden:

a) Kartierung (Übersichts-, Spezialkartierung), deren Aufgabe es ist, auf der Grundlage von geologischen Karten und Aufschlüssen die hydrogeologischen Verhältnisse des betreffenden Gebietes zu klären und lagerstättenhöffige Teile auszugliedern.

b) Sucharbeiten, durch welche festgestellt werden soll, ob grundwasserführende Gesteinskörper vorhanden sind, deren Wasser mengen- und gütemäßig nutzbar ist.

c) Vorerkundung, durch die die räumliche Ausdehnung der Grundwasserlagerstätte (Einzugsgebiet) in groben Zügen zu klären und die Lagerungsverhältnisse, die Strömungsrichtung sowie die chemische Beschaffenheit des Grundwassers festzustellen ist.

d) Erkundung, deren Aufgabe es ist, sämtliche für die Übergabe einer Grundwasserlagerstätte an die zuständige Wasserwirtschaftsdirektion erforderlichen hydrogeologischen Unterlagen zu erarbeiten.

e) Standorterkundung[3]), die sämtliche für die betrieblichen Belange erforderlichen Untersuchungsarbeiten im Fassungsbereich (Brunnenvorbohrungen, chemische und bakteriologische Untersuchungen u. a.) umfaßt.

Besonders in der Hydrogeologie kann der Fall eintreten, daß ein normalerweise zu fordernder kontinuierlicher Ablauf der Untersuchungsarbeiten nach vorstehenden Stadien nicht notwendig ist bzw. nicht eingehalten werden kann. Das trifft insbesondere auf Sucharbeiten (z. B. in Urstromtälern) und mindestens bis zum Abschluß der hydrogeologischen Übersichtskartierung auch auf das Kartierungsstadium zu. Weiterhin ist es möglich, daß die hydrogeologischen Arbeiten in dem einen oder anderen Falle ohne Übergang aus einem niederen in ein höheres Untersuchungsstadium einmünden. Das kann jedoch nur in Abhängigkeit vom jeweiligen Stand der Untersuchungsergebnisse erfolgen.

Eine Einteilung der Grundwasservorräte in Vorratsklassen muß auf der Basis der Untersuchungsstadien durchgeführt werden, da diese den Grad der hydrogeologischen Untersuchungen bedingen.

Grundsätzlich kann den Vorschlägen von J. ZIESCHANG zugestimmt werden. Als Mangel erweist sich m. E. jedoch die Zweiteilung der Klasse A. Das wird besonders deutlich, wenn man berücksichtigt, daß eine Einstufung der Grundwasservorräte in eine Klasse A_2 auf Grund einer einjährigen kontinuierlichen Förderung nur bei wirklich eindeutigen hydrologischen Verhältnissen möglich ist (z. B. im Bereich von Schotterterrassen oder Urstromtälern). Schon im Bereich pleistozäner Hochflächen läßt eine derart geringe Zeitdauer der Grundwasserförderung eine Einstufung in diese Klasse nicht ohne weiteres zu (Grundwasserbecken u. ä.).

Unter Berücksichtigung der Untersuchungsstadien und der Vorschläge von ZIESCHANG wird empfohlen:

1. Die Grundwasservorräte werden in Außerbilanz- und Bilanzvorräte eingeteilt, wobei die Einstufung in Vorratsklassen nach dem Grade der hydrogeologischen Untersuchung (in Abhängigkeit von den Untersuchungsstadien) durchgeführt wird.
2. Die Grundwasservorräte werden in die Klasse c (Außerbilanzvorräte) C_2, C_1, B und A (Bilanzvorräte) eingeteilt.

3. Zuordnung

3.1. Klasse c

Grundwasservorräte sind der Klasse c zuzuordnen, wenn auf Grund einer hydrogeologischen Kartierung die unterirdische Abflußspende über Versickerungs-Speicherungs-Faktoren angenähert berechnet worden ist, eine Einschätzung des Chemismus sowie der Gewinnbarkeit des Grundwassers jedoch nicht vorgenommen werden kann oder wenn sie zum gegenwärtigen Zeitpunkt aus technischen Gründen nicht gefaßt oder aufbereitet werden können.

3.2. Klasse C_2

Grundwasservorräte sind der Klasse C_2 zuzuordnen, wenn auf Grund einer hydrogeologischen Kartierung die unter-

[3]) Die Standorterkundung entspricht dem Stadium der betrieblichen Erkundung des Bergbaus und wird erforderlichenfalls im Stadium der wasserwirtschaftlichen Vorplanung durchgeführt.

irdische Abflußspende über Versickerungs-Speicherungs-Faktoren angenähert berechnet worden ist und eine Einschätzung des Chemismus und der Gewinnbarkeit des Grundwassers durch die Ergebnisse von Sucharbeiten angenähert vorgenommen werden kann.

3.2. Klasse C_1

Grundwasservorräte sind der Klasse C_1 zuzuordnen, wenn sie analytisch als Grundwasserdurchfluß auf einer Linie (Durchflußgleichung) oder als Grundwasserzufluß zu einem Punkte durch kontinuierliche Förderung bei mindestens zwei Beharrungszuständen (Absenkungs-Leistungs-Diagramm) oder durch Quellschüttungsmessung ermittelt wurden und die gewonnenen Werte aus dem Stadium der Vorerkundung (lückenhaft) hervorgegangen sind. Der Chemismus des Grundwassers muß eine Aufbereitung zulassen; die Fassung des Grundwassers muß am Berechnungsort zumindest teilweise möglich sein.

3.3. Klasse B

Grundwasservorräte sind der Klasse B zuzuordnen, wenn sie analytisch als Grundwasserdurchfluß auf einer Linie oder als Grundwasserzufluß zu einem Punkte durch kontinuierliche Förderung bei mindestens zwei Beharrungszuständen oder bei einer Quelle aus der Mindestschüttung einer zehnjährigen Reihe ermittelt wurden und die Werte aus dem Stadium der Erkundung (lückenlos) hervorgegangen sind. Der Chemismus des Grundwassers muß eine Aufbereitung zulassen; die Fassung des Grundwassers muß am Berechnungsort möglich sein. Die Werte für die konstruktive Ausbildung der Fassungsanlagen und für die Aufbereitungstechnologie müssen durch die Standorterkundung ermittelt sein.

3.4. Klasse A

Grundwasservorräte sind der Klasse A zuzuordnen, wenn sie auf Grund einer kontinuierlichen Förderung qualitativ und quantitativ bekannt sind.

Als Voraussetzung für die Einstufung in eine Vorratsklasse gilt, daß die Bedingungen der jeweilig niedrigeren Klasse ebenfalls erfüllt sind.

Künstliche Grundwasservorräte sind analog einzustufen.

Zusammenfassung

Verf. versucht nachzuweisen, daß Grundwasserlagerstätten prinzipiell gleichen Gesetzen unterliegen wie Lagerstätten anderer Minerale und daß sich aus der Gebundenheit des Grundwassers an den Wasserkreislauf nur eine Besonderheit des Grundwassers ergibt, die bei hydrogeologischen Untersuchungen zusätzlich zu berücksichtigen ist. Die Durchflußgleichung von DARCY wird als hinreichend genau für die Praxis eingeschätzt und Wege zur Verbesserung der mit dieser Gleichung erreichten Ergebnisse angedeutet. Verf. bewertet den Vorschlag von ZIESCHANG für eine Klassifikation der Grundwasservorräte als richtig und empfiehlt unter Berücksichtigung der Untersuchungsstadien die Vorratsklassen A, B, C_1, C_2 und c.

Резюме

Автор пытается доказать, что месторождения подземных вод принципиально подлежат тем же законам, как месторождения других минералов. Из-за приуроченности подземной воды к круговороту воды в природе получается лишь одна особенность подземной воды, которая добавочно должна быть учтена при гидрогеологических исследованиях. Уравнение расхода по ДАРСИ оценивается как достаточно точно для практических целей. Указывается на пути к улучшению полученных этим уравнением результатов. Автор считает предложение ЦИШАНГА для классификации запасов подземных вод правильным и рекомендует применять классы запасов А, В, C_I, C_2 и с, в зависимости от стадий исследования.

Summary

An attempt is made by the author to show that on principle ground-water deposits are subjected to the same laws as other mineral deposits, and that a peculiarity of the ground-water only results from its confinement to the hydrological cycle, which must be additionally considered in hydrogeological investigations. DARCY's flow equation is estimated to be sufficiently accurate for practical purposes, and ways to improve results obtained by this equation are indicated. ZIESCHANG's proposal for a classification of ground-water reserves are rated correct by the author, who recommends the reserve classes A, B, C_1, C_2 and c with the stages of investigation to be taken into account.

Literatur

FORCHHEIMER, P.: Wasserbewegung im Boden. — Z. d. Ing., Berlin 1901.
HOHL, R.: Zur Klassifikation von Grundwasservorräten. — Z. angew. Geol., 7, S. 636—640, Berlin 1961.
KING, F. H.: Principles and conditions of the movement of ground water. — 19. Ann. US Geol. Survey, 1897—1898.
MÜLLER-DELITZSCH, G.: Grundlagen der Grundwassergewinnung. — Fachbuchverlag, Leipzig 1951.
PRINZ, E.: Handbuch der Hydrogeologie. — Springerverlag, Berlin 1923.
SMREKER, O.: Das Grundwasser, seine Erscheinungsformen, Bewegungsgesetze und Mengenbestimmung. — Engelmann-Verlag, Leipzig u. Berlin 1914.
ZIESCHANG, J.: Zur Klassifikation der Grundwasservorräte. — Z. angew. Geol., 7, S. 312—314, Berlin 1961.
— Zur zulässigen Höchstbelastung eines Brunnens. — Z. angew. Geol., 7, S. 580—582, Berlin 1961.
AUTORENKOLLEKTIV: Analyse der wasserwirtschaftlichen Verhältnisse der Flußgebiete. — Bearbeitet von einer Arbeitsgemeinschaft des Instituts für Wasserwirtschaft. — VEB Verlag der Technik, Berlin 1959.

Eine neue Mineralquelle im südwestlichen Vogtland und Bemerkungen zum Granitmassiv von Eichigt–Schönbrunn[1)]

HEINZ SCHÜTZEL & GÜNTER HÖSEL, Freiberg (Sa.)

Bei einer Tiefbohrung in unmittelbarer Nähe der „Neumühle“ bei Geilsdorf (Mbl. Plauen-Süd) im südwestlichen Vogtland wurde nach einer Bohrmarschlänge von 771 m eine wasserführende Spalte durchschrotet. Das angeschlagene Wasser ist gespannt und fließt über Tage aus dem (verrohrten) Bohrlochmund artesisch aus.

Die „Quelle“ wurde bisher ein Jahr lang beobachtet. Die Wasserschüttung zeigt nur geringe Schwankungen, die unabhängig von der zeitlichen Verteilung der örtlichen Niederschlagsmengen sind. Nach der langanhaltenden spätherbstlichen Trockenperiode des Jahres 1961 wurde eine Schüttung von 450 l/min gemessen.

Die Temperatur des unter Druck ausfließenden Wassers variierte in der Kontrollperiode nur um einige Zehntelgrad. Bei einer Lufttemperatur von +5°C wurde im Dezember 1961 eine Wassertemperatur von 25,2°C gemessen. Bei Kältegraden ist die Umgebung der Quelle in dichten Nebel gehüllt. Die Temperatur des ausfließenden Wassers entspricht ziemlich genau der geothermischen Tiefenstufe. Auf Grund der Wassertemperatur gehört die Quelle zur Gruppe der Thermalquellen.

Der Geschmack des Wassers ist fade, etwas dumpf bis wenig unangenehm mit einem leicht bitteren bis ganz schwach salzigen Nachgeschmack. Das Wasser ist völlig geruchlos, klar und farblos. Es perlen zahlreiche winzige Gasbläschen, die jedoch sehr rasch entweichen.

Zur Überwachung der chemischen Zusammensetzung wurden in der Beobachtungsperiode (1. 1. 1961—31. 12. 1961) neun chemische Analysen angefertigt (vgl. Tab. 1). Die relativ hohen Na-, Ca- und Cl-Werte berechtigen, die Quelle als Mineralquelle zu bezeichnen. Die Na-Gehalte wechseln zwischen 307—466 mg/l, die

1) Eingang des Manuskripts in der Redaktion: 12. 4. 1962

Tab. 1. Chemismus des Quellwassers der Mineralquelle Neumühle

lfd. Nr.	Datum der Probenahme	pH	Li^+	Na^+ (in mg/l)	K^+	Ca^{++}	Mg^{++}	Fe^{++}	Fe^{+++}	Mn^{++}	Cl^- (in mg/l)	HCO_3^-	SO_4^{--}	NO_3^-	Br^-	J^-
1.	3. 1. 1961	7,6	–	307,5		202,2	2,6	0,0	0,0	0,11	750,2	44,0	79,0	9,6	–	–
2.	19. 2. 1961	7,6	–	374,5		268,9	8,0	0,0	0,0	0,11	974,8	39,4	106,6	1,0	–	–
3.	20. 2. 1961	6,0	–	–	–	270,5	6,4	0,7	–	–	985,7	36,3	98,9	–	–	–
4.	27. 3. 1961	6,8	–	–	–	303,8	6,0	1,2	–	–	1053,0	30,5	103,2	–	–	–
5.	17. 4. 1961	6,7	–	–	–	314,9	5,1	1,2	–	–	1101,0	30,5	99,4	–	–	–
6.	19. 5. 1961	6,7	–	403,8		336,0	4,9	0,0	0,2	0,2	1128,7	42,4	104,1	3,2	–	–
7.	26. 6. 1961	7,1	–	446,0	23,4	343,9	7,5		0,4	–	1143,7	42,7	139,9	–	–	–
8.	5. 11. 1961	6,5	1,5	436,5	8,2	400,1	4,9	1,1	–	0,2	1313,0	30,5	113,8	30,8	0,6	0,04
9.	12. 12. 1961	7,4	–	388,6	19,8	474,7	8,2	0,0	0,2	0,1	1425,4	38,4	123,5	1,3	–	–

Ca-Gehalte zwischen 202—475 mg/l. Die Gehalte aller anderen Kationen liegen unter 10 mg/l, wobei die Mg-Gehalte die höchsten Werte erreichen. Die Cl-Gehalte variieren zwischen 750—1425 mg/l. Sie überschreiten die durchschnittlichen Gehalte an HCO_3- und SO_4-Anionen um fast das 30- bzw. 10fache.

Bemerkenswert ist die kontinuierliche Zunahme der Ca- und Cl-Konzentrationen. Wie aus der graphischen Darstellung zu ersehen ist, steigen die Gehalte nahezu linear an (vgl. Abb. 1). Innerhalb von 12 Monaten betrug die Zunahme an Ca-Ionen rd. 135%, die an Cl-Ionen reichlich 90%.

Die Herkunft des Ca ist geologisch ohne weiteres verständlich. Die wasserführende Spalte (am Bohrkern, der aus diesem Intervall vollständig erhalten ist, lassen sich eindeutige Harnischbildungen nachweisen) setzt in einer Diabasbrekzie auf, die stark mit Kalzit durchsetzt ist, der in Form von unregelmäßig gestalteten Schlieren (mit fließenden Übergängen zum Nebengestein), bänderartigen Einlagerungen und als Kluftfüllung auftritt. Dieser Kalzit (andere Karbonate konnten in diesen Einlagerungen auch differentialthermoanalytisch nicht festgestellt werden) enthält Buntmetalle nur in Spuren ($\ll$100 g/t), dagegen steigen die Mn-Gehalte bis auf 3 kg/t, die Ti-Gehalte auf 700 g/t und die Sr-Gehalte auf 1 kg/t an. Es handelt sich nicht um „echt"-hydrothermale Kalzitbildungen; der Kalzit ist vielmehr als lateralsekretionäres Produkt zu deuten, wie es in metamorphen Diabasen recht häufig vorhanden ist.

Schwieriger ist die Herkunft des Cl zu erklären. Möglicherweise steht die Chloridbildung mit dem tertiären Vulkanismus im angrenzenden böhmischen Raum in Zusammenhang. Da basaltische Eruptiva auch an mehreren Stellen des Vogtlandes nachweisbar sind, ist es nicht unwahrscheinlich, daß sich in den weiter ab liegenden Gebieten (z. B. im Bereich der Neumühle) der Vulkanismus in HCl- und CO_2-Exhalationen äußert. In diesem Zusammenhang sei auf die geophysikalischen Messungen hingewiesen, nach denen das Vogtland auch heute noch als ein seismisch relativ unruhiges Gebiet gilt.

Das Verhältnis Na:Ca beträgt im Quellwasser 1,2; es entspricht etwa dem des Wassers von Bad Suderode. Der Na/Ca-Wert von Altensalz liegt etwas höher [nicht ganz 2,0 (errechnet aus einer Analyse nach der Neufassung der Altensalzer Quelle im Jahre 1928)]; die Schmalkaldener Heilquelle hat einen Na/Ca-Koeffizienten von rd. 3,0. Hinsichtlich der chemischen Zusammensetzung und vor allem geologisch läßt sich die Quelle an der Neumühle am ehesten mit der Heilquelle Altensalz/Vogtland (Mbl. Treuen—Herlasgrün) vergleichen, obwohl in Altensalz die Na- und Cl-Konzentrationen etwa 4mal und die Ca-Konzentrationen etwa 2mal so hoch sind, die SO_4-Konzentrationen dagegen nur den 50. Teil betragen. Durch das noch fortdauernde Ansteigen der Cl-Gehalte wird sich in Zukunft das Verhältnis noch verschieben.

Da durch die entstehende Talsperre Pöhl die Mineralquelle Altensalz mit überstaut werden wird (falls keine besonderen Konservierungsmaßnahmen ergriffen werden sollten), stellt die neue Mineralquelle an der Neumühle für die verlorengehende Heilquelle einen Ersatz dar. Eine Nutzung als Heilquelle etwa nach der Art von Bad Suderode oder Altensalz zur Therapie gegen Silikose und Erkrankungen der Bronchien wird von balneologischer Seite für durchaus möglich gehalten, wie vom Institut für Kur- und Bäderwesen, Bad Elster, mitgeteilt wurde.[2])

Interessant sind auch die geologischen Ergebnisse der Bohrung, die erneut die sehr komplizierten geologischen und tektonischen Verhältnisse des südwestlichen Vogtlandes bestätigen.

Die Bohrung durchsinkt bis 105 m einen Komplex effusiver Diabase (Spilite), dem zwischen 21—61 m eine oberdevonische Tonschiefer-Grauwacken-Serie zwischengeschaltet ist.

Sowohl im Hangenden als auch im Liegenden begrenzt durch flachfallende Störungen, folgt eine etwa 150 m mächtige Schichtserie unter- bis mitteldevonischer Ablagerungen (Schwärzschiefer, Tentakulitenkalk, Tentakulitenschiefer, grünlich-graue sandige Schiefer). Das Intervall ist gekennzeichnet durch inverse Lagerung und starke Verschuppung. Zwischen 166—180 m sind in diese devonische Serie Glieder der gotländischen Ockerkalkgruppe (Knotenkalk, Kalkknotenschiefer, Alaunschiefer) eingeschuppt. Die gesamte

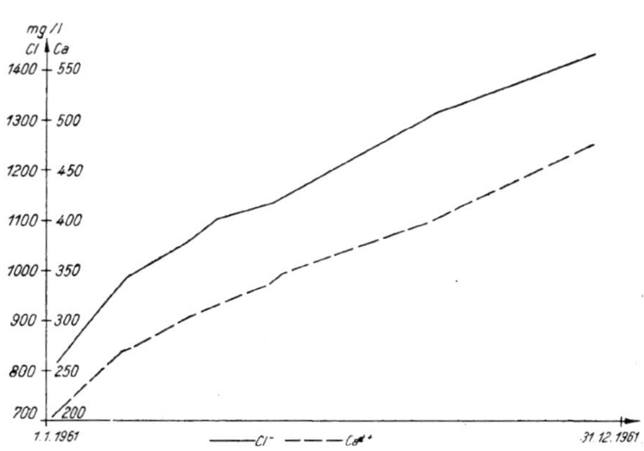

Abb. 1. Graphische Darstellung der Ca- und Cl-Gehalte des Quellwassers der Bohrung an der „Neumühle" bei Geilsdorf innerhalb eines Jahres

[2]) Dem Direktor des Instituts für Kur- und Bäderwesen und für physikalische Therapie, Bad Elster, Herrn Dr. med. habil. H. JORDAN, danken Verf. für diese Mitteilung und für die Überlassung einiger Analysenergebnisse.

Schichtenfolge wird von geringmächtigen intrusiven Diabasen durchsetzt.

Unter der liegenden Störung (bei 255 m) beginnt eine steilstehende silurische Schichtenfolge, die nach der petrographischen Ausbildung zum liegenden Teil der Ockerkalkgruppe und zu den hangendsten Schichten des Unteren Graptolithenschiefers zu zählen ist. Wiederum treten mehrere intrusive Diabase auf.

Zwischen 308—346 m liegen dunkle mitteldevonische Tonschiefer, die im Hangenden von einer Störung und im Liegenden von einem Intrusivdiabas abgeschnitten werden.

Die Bohrung durchsinkt dann einen rd. 60 m mächtigen Diabasmandelstein (Spilitmandelstein) mit typischer Pillowstruktur. Mandelreiche Partien wechseln mit mandelarmen ab. Die Randzonen der Pillows sind schaumig-porös ausgebildet. Als Zwickelfüllung treten Diabastuff (Spilittuff) und kieselsäurereiche, adinolartige Gesteine auf.

Das Liegende des Diabasergusses (Spilitergusses) bildet eine Serie von Tonschiefern, Arkosen, quarzitischen Sandsteinen und Grauwacken, die bei 444 m von einem 23 m mächtigen intrusiven Diabas begrenzt werden. Vermutlich stellt diese Serie die Psammitfazies des unteren Oberdevons dar.

Es folgen sehr steil stehende dunkelgraue oberdevonische Tonschiefer, die nur anfangs einzelne, bis 3 cm große dunkelgraue Kalkknollen führen. Bei 576 m wird die Serie durch eine Störung abgeschnitten.

Daran schließen sich eine Folge oberdevonischer Kalksteine (nach Conodontenfunden), Diabastuff (Spilittuff) und eine Diabasbrekzie (Spilitbrekzie) an.

Ab 641 m durchsinkt die Bohrung auf 291 m Länge eine monoton ausgebildete Diabasbrekzie (Spilitbrekzie). Durch unterschiedliche Kalkgehalte kann diese Brekzie in kalzitarme (-freie) und kalzitreiche Partien gegliedert werden.

Zwischen 932—935 m geht die Diabasbrekzie (Spilitbrekzie) auffällig rasch in ein Diabaskonglomerat (Spilitkonglomerat) über, das bis Bohrlochende (1176 m) anhält. Die gerundeten oder eckigen Einlagerungen sind sehr feinkörnige bis dichte Diabasfragmente (Spilitfragmente), die in Diabastuff (Spilittuff) fixiert sind.

Der Raum Geilsdorf ist ein Teil des vogtländischen Gangerzbezirkes, der zwischen Oelsnitz (Vgtl.) und der bayerischen Landesgrenze liegt. In diesem Erzbezirk sind zahlreiche Spaltensysteme bekannt. Die wichtigsten (Aufzählung von NE nach SW) sind:

1. Lauterbacher (Dockelsberger)	Spaltensystem
2. Schönbrunner	Spaltensystem
3. Bösenbrunner	Spaltensystem
4. Geilsdorfer	Spaltensystem
5. Ebmather	Spaltensystem
6. Wiedersberger	Spaltensystem

Diese Spaltensysteme haben einige gemeinsame Merkmale:

1. Das Generalstreichen verläuft von SE nach NW.
2. Die Spalten halten im Streichen häufig auf mehrere Kilometer Länge aus.
3. Das Einfallen ist in der Regel sehr steil.
4. Die Einzelspalten der Systeme sind meist Verwerfungsflächen, an denen teilweise erhebliche Sprunghöhen registrierbar sind.

Die Ausbildung der Spalten ist in stärkstem Maße abhängig von der Anisotropie und Inhomogenität des Nebengesteins. Im Bereich der plastischen Ton- und Alaunschiefer sind die Spalten meist verdrückt und mitunter nur als Lettenbesteg nachweisbar. Im Bereich der kurzklüftigen Quarzite und der Kieselschiefer zeigen die Gänge einen unregelmäßigen, sowohl im Streichen als auch im Fallen häufig gebrochenen Verlauf. Innerhalb der zahlreich auftretenden Diabase sind die Gangspalten gewöhnlich scharf begrenzt und weisen hier ihre größten Mächtigkeiten auf.

Die Gangzonen sind lokal mineralisiert. Viel häufiger jedoch sind es mineralleere bzw. mineralarme Ruschelzonen, die auf Grund ihrer Vieltrümigkeit oft bedeutende Mächtigkeiten erreichen können. Abgesehen von größeren Fluoritkonzentrationen, die noch heute abgebaut werden, hat der Erzinhalt der Spalten lediglich zu einem relativ bescheidenen Abbau Anlaß gegeben (Fe-, Cu- und Sn-Erze). Die bergbaulich aufgeschlossenen Gangpartien sind sowohl von Mitarbeitern des ehemaligen Geologischen Dienstes Freiberg (K. H. BERNSTEIN 1958) als auch in Diplomarbeiten des Instituts für Mineralogie und Lagerstättenlehre der Bergakademie Freiberg neu untersucht worden (W. QUELLMALZ 1958, D. MÜLLER 1958, F. SCHIEMENZ 1958). Die letzte zusammenfassende Darstellung des Lagerstättenbezirkes gab E. PUFFE 1938. Es bleibt festzustellen, daß eine eigentliche Tiefenuntersuchung der Gänge bis heute noch nicht durchgeführt worden ist (vielleicht mit Ausnahme der zwischen der Dockelsberger und Schönbrunner Spalte aufsitzenden beiden Parallelgänge St. Burkhardt und St. Johannes durch den „Zinnbergbau Oelsnitz"), obwohl an einigen Gangmineralien (z. B. weißer Baryt) heute technisches Interesse besteht.

Die auftretenden Mineralparagenesen lassen erkennen, daß ein geschlossener Mineralisationszyklus vom pneumatolytischen bis tiefhydrothermalen Bereich vorliegt. Die Mineralisation kann einem selbständigen Pluton zugeordnet werden, der sich in der bekannten Kontaktschieferinsel von Eichigt zu erkennen gibt. Neuere Bohrungen — im nordwestlichen Sektor des Kontakthofes niedergebracht — haben die Kontaktfläche des von der Erosion noch nicht angeschnittenen granitischen Tiefenkörpers relativ oberflächennah in 312 m und 531 m Tiefe (d. h. bei +256 m NN und bei +144 m NN) erreicht (vgl. Abb. 2).

Gravimetermessungen (G. HERTWIG 1955 und CH. OELSNER 1959) lassen erkennen, daß im Raum Eichigt lediglich die höchste Aufstülpung des Tiefenkörpers vorliegt. Dieser stellt morphologisch einen Querpluton dar, dessen Längsachse SE—NW streicht und dessen Längserstreckung (bezogen auf die Niveaufläche ±0 m NN) auf rd. 7,5 km Länge nachweisbar ist (vgl. Abb. 2.) Die Kopffläche des Plutons ist in zwei Einzelaufstülpungen aufgespalten, von denen sich die südöstliche Aufstülpung mehr oder weniger genau mit dem Kontakthof von Eichigt deckt, während das Zentrum der nordwestlichen Aufstülpung in dem Raum etwa 1,5 km östlich Bösenbrunn liegt. Auch diese zweite Aufwölbung konnte dicht südlich Schönbrunn erbohrt werden. Die Granitkontaktfläche wurde in 377 m Tiefe (d. h. bei +136 m NN) durchsunken (vgl. Abb. 2)[3]).

Auffälligerweise sind hier bei der Oberflächenkartierung keine Kontaktgesteine nachgewiesen worden. In diesem Zusammenhang verdienen zwei Notizen aus den Akten des ehemaligen Oberbergamtes Freiberg Beachtung, wonach auf der 130-m-Sohle (= +366 m NN) von „Zinnbergbau Oelsnitz" Fruchtschiefer angetroffen wurden und eine 1939 auf 412 m Tiefe niedergebrachte Bohrung 1 km nordwestlich Lauterbach in 350 m Teufe (= + 100 m NN) Fleckschiefer durchsank.

Dicht östlich der Aufstülpung liegt die Magnetitlagerstätte „Ludwig-Fundgrube". Bei einer Tiefenlage des Granits von nur 400 m müssen die Erze der Lager-

[3]) Die Zahlenangaben bei W. QUELLMALZ (1959, S. 31) sind unrichtig und müssen entsprechend korrigiert werden. Damit entfallen auch die Argumente für die Annahme einer flachen NW-Flanke des Plutons (Einfallwinkel nach QUELLMALZ rd. 1,5°).

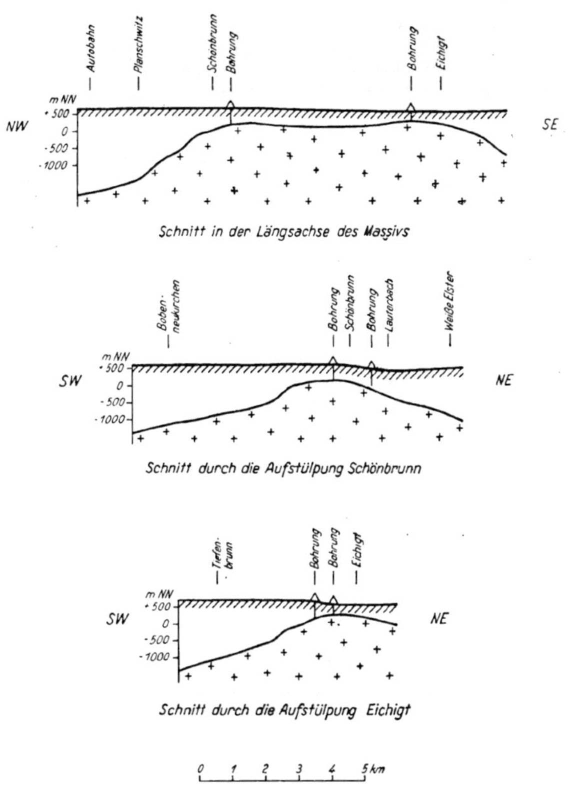

Abb. 2. Granitmassiv von Eichigt—Schönbrunn

stätte eine kontaktmetamorphe Beanspruchung erkennen lassen. Deshalb kann der Feststellung von QUELLMALZ (1961), wonach die Lagerstätte eine kontaktmetamorph überprägte Eisenlagerstätte vom Lahn-Dill-Typ (mit Granat und Magnetit als typische Reaktionsmineralien) darstellt, voll zugestimmt werden.

Ganz allgemein erscheint der Kontakthof gegenüber den üblichen Verhältnissen im Westerzgebirge um fast 50% reduziert. Die Ursachen dieser „Unterentwicklung" können einerseits in dem relativ steilen Abtauchen der Flanken des Plutons gesucht werden und andererseits in dem geringen Volumen der Aufstülpung begründet liegen (womit in der Regel auch ein nur geringer Wärmeinhalt für die Erreichung kontaktmetamorpher Effekte zur Verfügung steht).

Von dem bei Bösenbrunn befindlichen nordwestlichen Kopfteil des Massivs liegt die Tiefbohrung an der Neumühle knapp 6 km westnordwestlich entfernt. Eine kontaktmetamorphe Veränderung der von der Bohrung durchsunkenen Silikatgesteine ist nicht zu erwarten.

Dünnschliffuntersuchungen des diabasischen (spilitischen) Materials haben tatsächlich auch keinerlei kontaktmetamorphe Beeinflussung erkennen lassen. Dagegen erwiesen sich die bereits beschriebenen kalzitischen Einlagerungen in der Diabasbrekzie (Spilitbrekzie) bzw. im -konglomerat als hochempfindliche Indikatoren. Bis zu einer Bohrlochteufe von 910 m bestehen die Karbonateinlagerungen nur aus Kalzit (mit wenig Quarz); im Intervall von 910 m—1140 m wird Kalzit in zunehmendem Maße von Epidot (Pistazit) verdrängt, so daß sich schließlich Epidot-(Kalzit-Quarz-)„Gänge" herausbilden. Ab 1140 m treten als weitere Komponenten Pyroxen (ganz untergeordnet) und Granat (vom Typ Grossular-Andradit) hinzu, letzterer wird rasch zum dominierenden Anteil. Auf diese Weise entstehen aus den gangförmigen kalzitischen Einlagerungen fast monomineralische Granat-„Gänge".

Integrationsanalysen und chemische Untersuchungen gestatten folgende Gegenüberstellung (Tab. 2):

Tabelle 2

	quantitativer Mineralbestand (nach Abzug des freien Quarzes) vereinfacht	Chemismus			
		CaO	Al_2O_3	Fe_2O_3	SiO_2
1.	monomineralische Kalzitgänge	56,4			
2.	Gänge mit 67% Kalzit und 33% Epidot	41,1	8,7	3,5	12,7
3.	Gänge mit 33% Kalzit und 67% Epidot	34,3	17,3	6 8	25,4
4.	Gänge mit 15% Epidot, 10% Pyroxen und 75% Granat	32,9	19,5	8,6	38,5

Offensichtlich besteht zwischen Tiefe und Chemismus eine funktionelle Abhängigkeit dergestalt, daß die Gehalte an SiO_2, Al_2O_3 und Fe_2O_3 mit zunehmender Tiefe (= Annäherung an die Plutonoberfläche) ansteigen (vgl. Abb. 3).

Nach Ansicht der Verf. spiegeln sich in der Reihe

Kalzit → Epidot → Granat

die Anzeichen einer beginnenden kontaktmetamorphen Beeinflussung wider, wobei sich im Gegensatz zu den reaktionsträgeren Diabasen (Spiliten) die Kalzite als besonders reaktionsempfindlich erwiesen. Die „Reichweite" (Wirkungssphäre) solcher kontaktmetasomatischer Einwirkungen kann sehr groß sein (800—1100 m) — wie aus ähnlichen Fällen im sächsischen Raum bekannt ist — und greift noch weit über die Fruchtschiefergrenze hinaus.

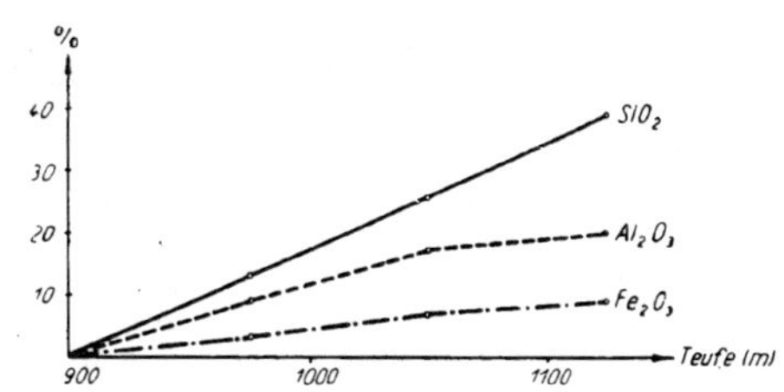

Abb. 3. Änderung des Chemismus in Abhängigkeit von der Tiefe (bezogen auf den modalen Mineralbestand der gangförmigen Bildungen im Komplex der Tuff-Spilit-Serie)

Die geologischen Beobachtungen gestatten mit Vorbehalt die Annahme, daß im Raum der Bohrung Neumühle der Granit etwa 2000 m unter der Tagesoberfläche zu erwarten ist. Diese Annahme stimmt auch mit den geophysikalischen Ergebnissen recht gut überein. Diese Feststellungen ermöglichen einige Rückschlüsse auf die Lagerstättensituation.

Zusammenfassung

Verf. beschreiben eine neue Mineralquelle im südwestlichen Vogtland. Dabei wird auf den Chemismus des Wassers näher eingegangen. Bemerkenswert ist die kontinuierliche Zunahme der Ca- und Cl-Konzentrationen während der einjährigen Beobachtungsperiode.

Die geologischen Ergebnisse der Tiefbohrung, die die Mineralquelle angetroffen hat, werden in einem zusammengefaßten Schichtenverzeichnis erläutert. Gravimetermessungen und Bohrergebnisse ermöglichen Angaben über die Gestalt eines von der Erosion noch nicht angeschnittenen granitischen Plutons. Das „Massiv von Eichigt—Schönbrunn" ist morphologisch ein NW—SE streichender Tiefenkörper von ca. 7,5 km Länge (bezogen auf das Niveau Normalnull), der aus zwei Aufstülpungen besteht, die sich der Tagesoberfläche bis rd. 340 m nähern.

Резюме

Авторы описывают новый минеральный источник в югозападном Фогтланде. При этом более детально обсуждается химизм воды. Достойным внимания является постоянное увеличение концентраций кальция и хлорида в течение однолетнего периода наблюдений.

Геологические результаты глубокой скважины, обнаружившей минеральный источник, излагаются в сводном перечне слоев. Гравиметрические измерения и результаты бурения позволяют получать данные о форме гранитного плутона, еще не затронутого сносом. Айхигт—Шенбруннский массив морфологически является глубинным телом, простирающимся в направлении СЗ—ЮВ, длиной около 7,5 км Сприведенной к уровню моря); оно сложено двумя выступами, приближающимися к дневной поверхности примерно до 340 метров.

Summary

The authors describe a new mineral spring in S.W. Vogtland and deal also with the chemism of the water. The continuous increase of Ca and Cl concentrations during the one-year period of observation is worthy of remark.

Geological results obtained by the deep drilling which reached the mineral water are summarized and explained in a list of strata. Gravimeter measurements and drilling results permit to give information about the shape of a granitic pluton still uncut by erosion. From a morphological aspect the „Eichigt—Schönbrunn massif" is a plutonic body trending in a N.W.—S.E. direction about 7.5 km long (referred to sea-level). It consists of two uparchings approaching the surface up to about 340 metres.

Literatur

BERNSTEIN, K. H.: Ergebnisberichte über die geologischen Erkundungsarbeiten auf Flußspat in den Lagerstätten Bösenbrunn, Schönbrunn und Wiedersberg im Vogtland in den Jahren 1951—1959. — Arch. VEB Geol. Erkundung Süd, Freiberg (unveröff.).

GROSSE, S., CH. OELSNER & H. BREMER: Über die gravimetrische Vermessung des Vogtlandes und des Erzgebirges. — Z. angew. Geol., 7, H. 7, Berlin 1961.

HERTWIG, G.: Abschlußbericht über gravimetrische Untersuchungen im Gebiet Vogtland. — Arch. VEB Geophysik, Leipzig 1955 (unveröff.).

JÄGER, W.: Der Gebirgsbau des sächsischen Vogtlandes und dessen Erzlagerstätten. — Adorf 1924.

JAHN, A. & W. QUELLMALZ: Die Mineralien des Vogtlandes. — Sächs. Heimatblätter, H. 8, 1960.

MÜLLER, D.: Lagerstättengenetische und tektonische Untersuchungen der an die Bösenbrunner Spalte geknüpften hydrothermalen Lagerstätten. — Dipl.-Arb., Min. Inst. d. Bergakademie, Freiberg 1958 (unveröff.).

OELSNER, CH.: Abschlußbericht über Gravimetermessungen im Gebiet Bodenneukirchen — Bad Elster. — Arch. VEB Geophysik, Leipzig 1959 (unveröff.).

OELSNER, O. W.: Die pegmatitisch-pneumatolytischen Lagerstätten des Erzgebirges. — Freiberger Forsch.-H., H. 9 (C 4), Freiberg 1952.

PUFFE, E.: Die Minerallagerstätten des südwestlichen Vogtlandes. — Neues Jb. Min., Beil.-Bd. 74, Abt. A, Stuttgart 1938.

QUELLMALZ, W.: Lagerstättengenetische und tektonische Untersuchungen der an die Schönbrunner Spalte geknüpften hydrothermalen Lagerstätten des Vogtlandes. — Jb. Staatl. Mus. Min. Geol. 1959, Dresden und Leipzig 1959.

— Die Magnetitlagerstätte „Ludwig-Fundgrube" bei Lauterbach/Vogtland. Jb. Staatl. Mus. Min. Geol. 1961, Dresden und Leipzig 1961.

RÖSLER, H. J.: Zur Petrographie, Geochemie und Genese der Magmatite und Lagerstätten des Oberdevons und Unterkarbons in Ostthüringen. — Freiberger Forsch.-H., C 92, Berlin 1960.

SCHIEMENZ, F.: Lagerstättengenetische und tektonische Untersuchungen der an die Ascher Spalte geknüpften hydrothermalen Lagerstätten. — Dipl.-Arb., Min. Inst. d. Bergakademie, Freiberg 1958 (unveröff.).

Die komplexe ingenieurgeologische Untersuchung und Fragen ihrer Wirtschaftlichkeit[1]

Dargestellt am Beispiel der ingenieurgeologischen Detailkarte der Stadt Bad Frankenhausen

GÜNTER BACHMANN & FRITZ REUTER, Berlin

(Mitteilung aus dem Zentralen Geologischen Institut der Staatlichen Geologischen Kommission, Berlin)

Vorbemerkungen

Man begegnet noch vielfach unterschiedlichen Auffassungen über den Wert und die Wirtschaftlichkeit der ingenieurgeologischen Kartierung. Während negative Äußerungen meistens von Fachkollegen kommen, die der Ingenieurgeologie teils fernstehen, teils nach älteren Vorbildern der Vorkriegszeit arbeiten, wird von den jüngeren Kollegen angeführt, daß die angespannte Arbeitslage für eine umfassende ingenieurgeologische Kartierung keine Zeit lasse. Die Notwendigkeit, ingenieurgeologische Karten anzufertigen, wird von ihnen jedoch anerkannt. Letztere Ansicht kam in der laufenden Zusammenarbeit mit den Erkundungsbetrieben und den Bezirksstellen immer wieder zum Ausdruck und wurde auch auf zentralen Arbeitstagungen vorgebracht. Anhand der ingenieurgeologischen Detailkarte der Stadt Bad Frankenhausen soll die Zweckmäßigkeit der neuen Arbeitsmethode der Ingenieurgeologie dargelegt werden.

Die ingenieurgeologische Karte ist die Form des ingenieurgeologischen Gutachtens von der höchsten Qualität. Die Behandlung von Fragen der Wirtschaftlichkeit und der komplexen Arbeitsweise anhand einer Detailkarte soll zeigen, daß solche Karten sowohl von den Erkundungsbetrieben und den Bezirksstellen für Geologie als auch von Hochschulinstituten angefertigt werden können.

Die Aufgabe der Ingenieurgeologie

Die Ingenieurgeologie beschäftigt sich mit der gesamten geländegebundenen Untersuchungsarbeit des obersten Teils der Erdkruste, soweit sie, sei es durch Veränderung der Erdoberfläche infolge der verschiedensten Baumaßnahmen (Städtebau, Verkehrsbau, Talsperrenbau, Wasserbau) oder auf Grund von plötzlichen Veränderungen der Erdoberfläche (Bauschäden, Rutschungen, Senkungen usw.), das Bauwesen direkt betreffen oder in irgendeiner Form einen Einfluß auf die Tätigkeit der menschlichen Gesellschaft haben. Die Ingenieurgeologie ist somit eine Wissenschaft, die nicht nur Beziehungen zu einem Wirtschaftszweig (z. B. zum Bauwesen) besitzt. Wie tief unter die Erdoberfläche der Arbeitsbereich des Ingenieurgeologen reicht, ist verschieden und hängt außer von der Baumaßnahme in allererster Linie von der Beschaffenheit (und damit von der geologischen Entwicklung) des Baugrundes und des Untergrundes ab. Unter günstigen Bedingungen umfaßt sein Arbeitsbereich nur wenige Meter unter der Erdoberfläche (wenn der Baugrund durch feste Felsgesteine gebildet wird), während z. B. in durch Salzauslaugung senkungsgefährdeten Gebieten der Untergrund oft bis in mehrere hundert Meter untersucht werden muß. Wie tief der Baugrund reicht und ob der Untergrund mituntersucht werden muß, kann man allein aus der geologischen Situation eines Geländes erkennen.

Eine Aufgabe der Ingenieurgeologen ist es, dem projektierenden Ingenieur die Lagerungsverhältnisse der geologischen Schichten und die Gesteine derart zu interpretieren, daß er sie mit Hilfe mathematischer Formeln und Zahlen erfassen kann, d. h., die Eigenschaften der Gesteine werden in sogenannten Kennzahlen ausgedrückt, die es gestatten, die Art der Gründung und der Fundamentierung zu berechnen. Jedem

[1]) Eingang des Manuskripts in der Redaktion: 12. 4. 1962

Geologen, auch denen, die nicht unmittelbar in der Ingenieurgeologie tätig sind, müßte heute klar sein, daß Gesteinskennwerte (z. B. Festigkeit, Kornverteilung, Bildsamkeit, Wasserdurchlässigkeit, Reibungswinkel u. a. m.) durch die geologisch-genetisch bedingte Entwicklung eines Gesteines bestimmt sind. Darauf, daß diese Anschauung die allein richtige ist, haben die Begründer der Ingenieurgeologie bereits vor Jahren hingewiesen, wenn sie feststellten, „daß alle bodenmechanischen Größen wertlos sind, wenn sie aus dem geologischen Zusammenhang, der Gesamtheit des geologischen Profils herausgenommen sind" (TERZAGHI 1925); oder wenn STINI (1922) schreibt: „Man darf hierbei aber nicht in den häufigen Fehler verfallen, seine Folgerungen aus dem kleinen, für den Bau selbst in Betracht kommenden Raum allein ziehen zu wollen. Erst die gründliche geologisch-formenkundliche Erfassung des weiteren Gebietes schafft jene breite gediegene Grundlage, auf welche alle wichtigen Schlüsse über den Gebirgsbau, die Entstehung der Geländeformen, die Wasserführung der Schichten, die technischen Eigenschaften der vom Bau betroffenen Gesteine usw. aufgebaut werden können." Es ist eine Tatsache, daß auch seitens der geologischen Dienststellen die Wichtigkeit der Ingenieurgeologie häufig unterschätzt wurde. Man sah sie teilweise als Wissenschaft an, die dem Bauwesen artverwandt ist. Die Erfahrungen unserer Ingenieurgeologen und besonders die sowjetische Schule lehren uns aber das Gegenteil.

Ziehen wir die Schlußfolgerungen aus den vorstehenden Betrachtungen, so kommt man zu dem Schluß, daß vom Ursprung her die Ingenieurgeologie einen Teil der Geologie darstellt und die Arbeitsmethoden überwiegend geologischer Art sind. Allein diese Auffassung führt zu einer fachlich richtigen Baugrunduntersuchung mit höchstem ökonomischem Nutzen.

Die ingenieurgeologische Kartierung

Vor der Ingenieurgeologie steht die Aufgabe, entweder die bisherige Praxis, also „Einzelbegutachtungen", beizubehalten oder die „komplexe Begutachtung" zu bevorzugen. Die Wirtschaftlichkeit spricht eindeutig für letztere, wenn auch die Verwirklichung aus Mangel an Kadern vorläufig noch nicht immer möglich ist. Was bedeuten aber die Gehaltskosten eines Mitarbeiters gegenüber den Ergebnissen, die bei einer umfassenden Arbeit gewonnen werden?! Zur Zeit wird in unseren Gutachten die Frage gestellt: „Wie kann man bauen?" Bei komplexer Arbeit wird auch die Frage: „Wo kann man unter den günstigsten Bedingungen bauen?", beantwortet werden können. Dies ist insofern äußerst wichtig, als es sich meist nicht mehr um Einzelbauvorhaben handelt, sondern fast ausschließlich Bebauungspläne zur Diskussion stehen. Die ingenieurgeologische Kartierung führt uns weg von der Einzelplanung und gestattet eine echte Perspektivplanung, die eine sichere Grundlage für eine kontinuierliche Entwicklung bietet.

Die ingenieurgeologische Detailkarte der Stadt Bad Frankenhausen

1. Auswahl des Kartierungsgebietes

Seitens der Geologischen Gruppe des Rates für gegenseitige Wirtschaftshilfe (RgW) erhielten die Ingenieurgeologen der DDR den Auftrag, u. a. eine ingenieurgeologische Musterkarte für die städtische Bebauung im Maßstab 1:5000 anzufertigen. Für diese Musterkarte wurde das Gebiet der Stadt Bad Frankenhausen ausgewählt, welches aus folgenden Gründen für die ingenieurgeologische Kartierung besonders geeignet schien:

a) Die Stadt liegt an der Grenze vom Gebirge zum Vorland, wo sowohl paläozoische Felsgesteine als auch pleistozäne und jüngere Sedimente über mesozoischen Schichten vorkommen.

b) Bad Frankenhausen stellt ein Gebiet dar, in dem auf Auslaugung beruhende Bau- und Geländeschäden auftreten.

c) Für eine Stadterweiterung schienen weite Teile von Frankenhausen vollständig auszufallen, da der Bau- und Untergrund sowohl infolge Auslaugungssenkungen als auch durch andere ungünstige ingenieurgeologische Faktoren starke Schwächen aufweist.

d) Auf Grund der obengeschilderten Umstände müssen ein oder mehrere Ingenieurgeologen ständig Spezialobjekte oder Schäden begutachten. Aus ökonomischen Gründen erschien es deshalb wünschenswert, die allgemeine ingenieurgeologische Situation zu klären.

Die auf Auslaugungserscheinungen zurückzuführenden Schäden an der Oberkirche und im Bereich des Solbades haben die Aufmerksamkeit der Geologen besonders im Anfang dieses Jahrhunderts auf sich gezogen. Umfangreiche Gutachten liegen von VON SEYDLITZ, RÜTH, SPACKELER, WEIGELT, KAMMERER u. a. vor. Sie befaßten sich immer wieder mit Einzelschäden und gaben teils treffende, teils aber auch nur Hinweise von geringerer Bedeutung. Eine reale Einschätzung der Auslaugungsursachen und eine wirkliche Lösung konnten nie gegeben werden. Eine komplexe Arbeit mit Hilfe der ingenieurgeologischen Kartierung versprach deshalb auch in methodischer Hinsicht und für die Aufstellung einer Systematik der Auslaugungserscheinungen Erfolg.

2. Allgemeines zur Karte

Die ingenieurgeologische Karte soll sowohl eine Unterlage für die Praxis des Bauwesens darstellen als auch die wissenschaftliche Grundlage erkennen lassen, auf der sie aufbaut. Deshalb bestehen Karten größeren Maßstabes gewöhnlich nicht nur aus einem Blatt, sondern aus verschiedenen Spezialdarstellungen, die auf gesonderten Kartenblättern vorgenommen werden. Neben der jeweiligen Fragestellung spielt dabei die Anzahl der Aufschlußpunkte eine wesentliche Rolle. Für einen bestimmten Maßstab ist jeweils eine dem Grad der Kompliziertheit der ingenieurgeologischen Verhältnisse entsprechende Anzahl von Beobachtungspunkten (Aufschlüssen) zu fordern. Es hat sich gezeigt, daß für ein Gebiet von mittlerer Kompliziertheit, wie es die Stadt Frankenhausen darstellt, bei der Anfertigung einer ingenieurgeologischen Karte im Maßstab 1:5000 ca. 35 bis 50 Aufschlüsse pro km² der geforderten Genauigkeit entsprechen.

3. Die Aufschlußkarte

Auf dieser Karte (Abb. 1) werden alle Beobachtungspunkte, unterteilt nach ihrer Aussagekraft, dargestellt. Aus der jeweiligen Signatur muß erkenntlich sein, welche Spezialuntersuchungen im jeweiligen Aufschluß oder im Anschluß an die Feldaufnahme durchgeführt worden sind. Es wird dabei unterschieden, ob der Aufschluß vom Ingenieurgeologen (oder Geologen) aufgenommen worden ist, Wasserstände gemessen worden sind, Gesteins- oder Bodenproben entnommen worden sind und Wasseruntersuchungen erfolgt sind.

Weiterhin werden alle Aufschlußarten getrennt dargestellt. Es wurden unterschieden: mechanische Bohrungen, Handsondierungen, Schürfe, natürliche Aufschlüsse sowie Brunnen und Quellen. Bei den Bohrungen werden verschiedene Teufenbereiche dargestellt.

Gegebenenfalls sollte man auch die im Gelände durchgeführten Spezialuntersuchungen, wie Rammsondierungen, Einsatz der Isotopensonde, der Spitzendrucksonde u. a., mit zur Darstellung bringen.

Die Kenntlichmachung alter Brunnen ist insofern von allergrößter Wichtigkeit, als alle Städte heute eine Wasserleitung besitzen und das Vorhandensein von Brunnen häufig in Vergessenheit geraten ist. Sie stellen aber gerade für die ingenieurgeologischen Aufnahmen die einfachste Möglichkeit von Wasserstandsmessungen oder der Entnahme von Proben für chemische Wasseruntersuchungen dar.

Die Aufschlußkarte (Abb. 2) gestattet, sich schnell über jeden beliebigen Aufschlußpunkt zu orientieren. Darüber hinaus bietet sie aber auch einen Anhaltspunkt für die Genauigkeit der übrigen Karten. Sie ist somit nicht nur ein Hilfsblatt, sondern ein wichtiger Bestandteil der ingenieurgeologischen Karte. Um die Übersichtlichkeit zu erhöhen und ein schnelles Zurechtfinden zu ermöglichen, werden die einzelnen Aufschlußarten getrennt, untereinander aber laufend numeriert. Bei einer großen Anzahl der dargestellten Punkte empfiehlt es sich, eine Aufteilung der Karte in einzelne Abschnitte vorzunehmen.

Zur Aufschlußkarte gehört eine Aufschlußkartei, getrennt nach der Art der Aufschlüsse, aus der die genaue Schichtenfolge hervorgeht. Außerdem gestattet sie eine schnelle Orientierung über die wichtigsten Daten der Aufschlüsse sowie über die Herkunft der Unterlagen. Es wurde jeder Bohrung folgendes Schema vorangestellt:

1. Laufende Nummer der Bohrung
2. Name der Bohrung
3. Zweck der Bohrung
4. Auftraggeber
5. Bearbeiter
6. Koordinaten der Bohrung
7. Höhe über NN
8. Grundwasserstand bei Beendigung der Bohrung

Bei den übrigen Aufschlußarten erfolgten sinngemäß ähnliche Angaben.

4. Die geologische Karte

Wenn eine geologische Karte für das aufzunehmende Gebiet nicht vorliegt, ist diese neuanzufertigen (Methodik 1961). Für den Maßstab 1:5000 trifft dies mit wenigen Ausnahmen für das gesamte Gebiet der Deutschen Demokratischen Republik zu. Die Vergrößerung des geologischen Meßtischblattes auf den Maßstab 1:5000 ist nicht statthaft, da hierdurch eine Genauigkeit vorgetäuscht werden würde, die gar nicht den Gegebenheiten entspricht. Die Geländeaufnahme erfolgt im allgemeinen auf der Grundlage der Katasterblätter im Maßstab 1:2000. Da eine Methodik der geologischen Kartierung für große Maßstäbe noch nicht vorliegt, sollte man, sofern es möglich ist, die Prinzipien der Meßtischblattkartierung anwenden, soweit es die Darstellungsweisen und die Stratigraphie anbetrifft.

Untrennbarer Bestandteil der geologischen Karte sind geologische Schnitte und eine Mächtigkeitstafel. Es sind so viele geologische Schnitte anzufertigen, daß die Lagerungsverhältnisse im Gesamtbereich der Karte klar erkennbar sind. Häufig ist es erforderlich, den gleichen Schnitt in zwei verschiedenen Maßstäben darzustellen, um Schichten verschiedener Tiefenlage besonders herauszustellen. Dies trifft z. B. in auslaugungsgefährdeten Gebieten zu, wo einmal der eigentliche Baugrundbereich dargestellt und im anderen Falle die tieferen Schichten, in denen sich die Auslaugung abspielt, veranschaulicht werden müssen. Die Mächtigkeitstafel muß alle Schichten enthalten, die Einfluß auf das Baugeschehen nehmen können. Um die Darstellung in vertretbarer Größe auf dem Kartenblatt unterbringen zu können, empfiehlt es sich, gegebenenfalls mit zwei Maßstäben zu arbeiten, indem der Baugrundbereich in großem und der tiefere Untergrund in kleinem Maßstab dargestellt wird (Abb. 3).

Die geologischen Verhältnisse im Stadtbereich Bad Frankenhausen sind dadurch ausgezeichnet, daß das Gebiet an der Grenze zweier geologischer Einheiten liegt. Der nördliche Teil umfaßt das Paläozoikum des Kyffhäusers mit der permokarbonischen Unterlage, der reduzierter ausgelaugter Zechstein aufliegt. Weiter südlich folgen nach der Kyffhäusersüdrandverwerfung Schichten der unteren Trias, die von Pleistozän und Holozän eingedeckt sind.

Die permokarbonischen Schiefertone, Sandsteine und Konglomerate spielen weder als Baugrund noch als tieferer Untergrund eine Rolle. Sie sind jedoch insofern wichtig, als sie auf dem Kyffhäuser das Einzugsgebiet der Wässer darstellen, die mit dem Schichtenfallen unter der abdichtenden Zechsteindecke abwärts fließen, um dann auf der Kyffhäusersüdrandstörung unter Auflösung von Zechsteinsalzen als Sole aus den bekannten Solquellen (Schacht- und Elisabethquelle) auszufließen. Der Zechstein zeigt nördlich der erwähnten Störung ein stark reduziertes Profil, in dem die leicht löslichen Salze vollständig fehlen. Die Anhydrite sind in Gips umgewandelt. Durch den Stinkschiefer getrennt, lassen sich bei der Kartierung Unterer und Oberer Gips ausscheiden. In den Gipsen gehen Auslaugungsprozesse vor sich, die nördlich der Störung gelegentlich oberflächige Auswirkungen erkennen lassen, im Bereich der aufdringenden Sole allerdings zahlreiche Geländesenkungen zur Folge haben.

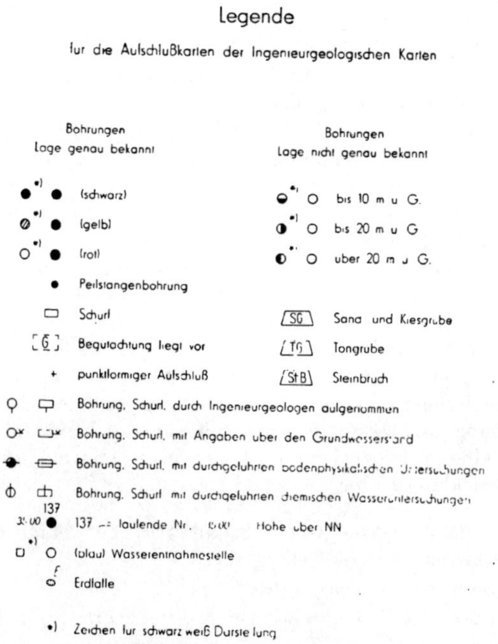

Abb. 1. Darstellung von Beobachtungspunkten

Südlich der Kyffhäusersüdrandstörung wird das Zechsteinprofil mit zunehmender Entfernung von der Störung immer vollständiger. Hier spielt sich auch heute noch die Salzauslaugung ab, die in früheren geologischen Zeiten zur Bildung des Frankenhäuser Tales (FULDA 1909, KUGLER 1958/1959, REUTER 1962) geführt hat. Das Wandern der Salzauslaugung von Nord nach Süd und ihre unterschiedliche Intensität lassen sich an dem Vorhandensein verschiedener stratigraphischer Horizonte, ihren Mächtigkeiten und ihren Denudationsresten an den Hängen des Kyffhäusers weit oberhalb der heutigen Talsohle nachweisen (FULDA 1909, SCHRIEL 1925, KUGLER 1958/1959, REUTER 1962).

Die Trias ist lediglich durch den Unteren Buntsandstein vertreten. Er ist aus älteren geologischen Bohrungen in der üblichen Ausbildung bekannt. Da er weit unterhalb des Einflußbereiches von Bauwerkslasten liegt, ist er von den durchgeführten Baugrundbohrungen nicht erreicht worden.

Unmittelbar südlich der Kyffhäusersüdrandstörung kommt mächtiges kiesig-sandiges und toniges älteres Tertiär vor, in dem östlich der Stadt Frankenhausen früher Braunkohle abgebaut wurde. Die über 100 m mächtigen Schichten zeigen an, daß während des Eozäns die erste intensive Salzauslaugung stattgefunden hat, die zu ausgedehnten Geländesenkungen führte.

Eine zweite Steigerung der Auslaugungstätigkeit ist aus dem frühen Pleistozän bekannt. Hiervon zeugen mächtige Sande und Kiese (sogen. ältere Flußaufschüttungen des geologischen Meßtischblattes), die in einer Kiesgrube zwischen Bad Frankenhausen und Rottleben aufgeschlossen sind und sicher auch im Stadtgebiet südlich der Tertiärmulde verbreitet sind. Das Liegende des Geschiebemergels bildet ein Bänderton, der in mehreren Baugrundbohrungen im Stadtgebiet angetroffen wurde. Obwohl er nur sehr geringmächtig ist, stellt er in lagerstättenkundlicher Hinsicht einen ausgezeichneten Rohstoff für die Ziegelherstellung dar. Die technischen Untersuchungsergebnisse lassen eine gute Übereinstimmung mit Bändertonen erkennen, die bei Voigtstedt gewonnen werden. Stratigraphisch stellen diese Tone ein Äquivalent des Delitzscher Bändertones (KAMMHOLZ 1955, KRUTZSCH & REICHSTEIN 1956) im Liegenden des Elster-Geschiebemergels dar. Das Vorkommen bei Frankenhausen läßt enge Beziehungen des früheren Eisstausees zur Salzauslaugung erkennen.

Der Geschiebemergel der Elstereiszeit bildet die tiefste sicher bekannte Schicht im Baugrundbereich. Seine Mächtigkeit erreicht z. T. mehr als 10 m. Die Lagerung paßt sich den auf Salzauslaugung beruhenden Oberflächensenkungen an. Petrographisch stellt er einen sandigen bis tonigen Schluff mit groben Steinen (Geschieben) dar. Südlich der Stadt sind in den oberen Dezimetern die feineren Bestandteile herausgewaschen, so daß dieser Horizont als mehr oder weniger schluffiger Kiessand vorliegt, der einen zwar geringmächtigen, aber für das Bauwesen sehr bedeutungsvollen Grundwasserhorizont innerhalb des Schachtbodens darstellt.

Über dem Geschiebemergel kennen wir im mittleren Teil östlich und westlich der Stadt als zweite Schicht unter der Oberfläche lehmig-sandige Kiese und Schotter, die sich ganz überwiegend aus Kyffhäusermaterial zusammensetzen (die gröberen Gerölle bestehen in der Überzahl aus Stinkschiefer) und als „jüngere Flußaufschüttungen" (geologische Spezialkarte Blatt Frankenhausen) zu deuten sind.

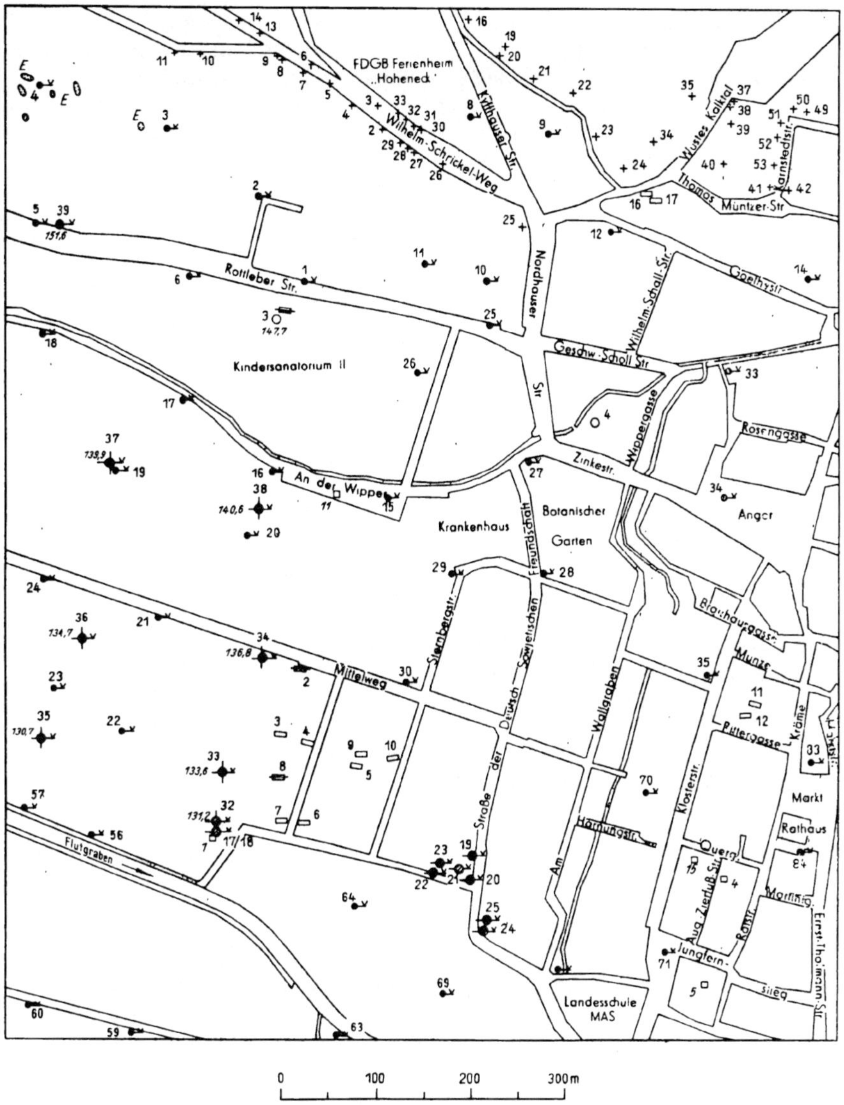

Abb. 2. Ausschnitt aus der Aufschlußkarte

Das gesamte Pleistozän wird von Löß eingedeckt, der örtlich nur wenige Dezimeter, stellenweise (in den Nebentälern des Kyffhäusers) aber auch über 8 m mächtig werden kann.

Die jüngsten Ablagerungen finden wir im Gebiet der heutigen Talsohle, die gleichzeitig als der Bereich angesehen wird, bis in den die unterirdische Auslaugung des Salzes vorangeschritten ist. Die Sedimente treten in diesem Bereich in zwei Varietäten auf, bei denen das eine Gestein zugunsten des anderen an Mächtigkeit zunehmen kann. Im Durchschnitt beträgt die Gesamtmächtigkeit etwa 3 m. Es handelt sich einmal um einen dunkleren grauschwarzen Tonmergel und zum anderen um einen manchmal schwach sandigen dunkelgelbbraunen kalkigen Schwemmlöß. Beide Gesteine sind sehr weichplastisch und haben einen hohen Wassergehalt.

5. Die Wasserkarte

Die Wasserkarte gibt einen Überblick über die wichtigsten Daten des Grundwassers, soweit sie für die Belange des Bauwesens erforderlich sind. Auf der Grundlage der in allen Aufschlüssen gemessenen Grundwasserstände wurden Linien gleicher Wasserstände unter der Geländeoberfläche gezeichnet. Die Aufschlußdichte gestattet es, eine Abstufung von 0,5 m vorzunehmen. Die Angaben entsprechen etwa den Höchstgrundwasserständen, da während der Geländeaufnahme unter meteorologischen Bedingungen gearbeitet wurde, die diese Aussage zulassen. Die Sicherheit dieser Karte erstreckt sich bis etwa 2 m unter Gelände. Dies ist auch die Tiefe, die bei der ortsüblichen Bebauung noch Berücksichtigung findet. Aus morphologischen Gründen liegt der Grundwasserspiegel im nördlichen Stadtteil tiefer als im Süden der Stadt. Die Anzahl der Aufschlüsse war hier weit geringer, und die Möglichkeit, Isobathen zu zeichnen, war nicht mehr gegeben. Die Angaben über die Grundwasserstände erfolgten dann nur noch für einzelne Punkte als blau eingeschriebene Zahlen.

Der Chemismus des Wassers wurde für die wichtigsten Ionen in Säulen dargestellt (%-Gehalte, berechnet auf den Abdampfrückstand). Man kann zwar so einen Überblick über das Verhältnis der Ionen untereinander bekommen, absolute Gehalte sind aber nicht abzulesen. Deshalb ist den Erläuterungen eine tabellarische Übersicht beigegeben, aus der die genauen Analysenergebnisse zu ersehen sind. Außerdem wird in einem besonderen Abschnitt auf die Betonaggressivität des Grundwassers eingegangen. In einer Spezialdarstellung wurde die Gesetzmäßigkeit der Verteilung der wichtigsten Ionen aufgezeigt (HERZOG 1962). Aus der Karte direkt abzulesen sind wieder der Härtegrad sowie der Säuregrad des Wassers und die auf CO_2 begründete Betonaggressivität.

6. Die Baugrundkarte

Hier wird eine für Nichtgeologen leicht lesbare lithologische Karte geboten, die nach dem GRAUPNERschen Prinzip Schacht- und Lastboden unterscheidet. Der Lastboden wird in 2 bis 3 m Tiefe als Flächenfarbe angegeben (genaue Tiefen sind aus den Schichtenverzeichnissen zu entnehmen). Die Darstellung des Schachtbodens erfolgt in Signaturen, je nach der Vielfältigkeit der übereinander vorkommenden Schichten. Anhand der Signaturen ist es möglich, noch drei übereinander vorkommende Gesteinsarten übersichtlich als Schachtboden anzugeben. Die obere Schicht erscheint in Schwarz-Weiß-Signatur, die zweite als farbige Signatur, wobei die Farbe gewählt wird, die dem gleichen Gestein im Lastboden entspricht. Das dritte Gestein erhält die übliche Signatur, aber in der Farbe des darunterfolgenden Lastbodens, allerdings im kräftigeren Farbton. Mächtigkeiten der einzelnen Gesteine im Schachtboden sind aus den Schichtenverzeichnissen zu entnehmen. Die Darstellung der Gesteine geschieht auf geologisch-genetischer Grundlage, wobei aber jede ausgeschiedene Einheit durch baugrundphysikalische Kennzahlen belegt ist, so daß auch auf Grund dieser Kennziffern gewährleistet ist, daß es sich um ein ingenieurgeologisch einheitliches Gestein handelt. Mit Hilfe dieser Karte ist es möglich, eine genaue Planung über die Schwierigkeit des Baugrubenaushubes vorzunehmen. Weiterhin gestattet sie präzise Aussagen über die Art der vorzuschlagenden Gründung. In Verbindung mit der Mächtigkeitstafel und dem geologischen Schnitt, der sinngemäß für das ganze Blatt angewendet werden kann, ist auch eine Orientierung über den gesamten Baugrundbereich möglich.

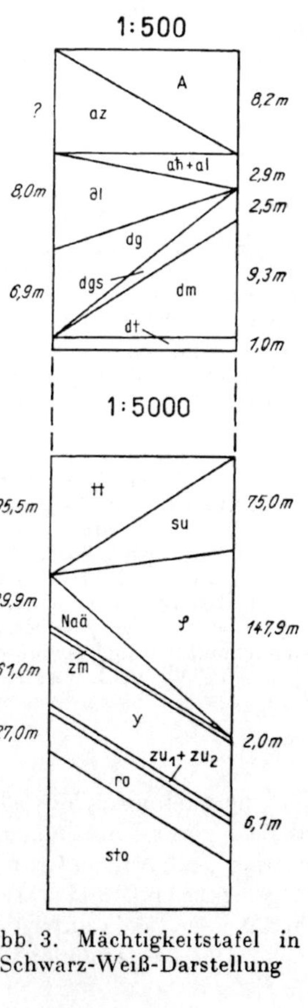

Abb. 3. Mächtigkeitstafel in Schwarz-Weiß-Darstellung

Die für das Baugeschehen bedeutenden geologisch-physikalischen Prozesse, die in Frankenhausen nur in Verbindung mit Gips- und Salzauslaugung vorkommen, sind auf dem Kartenblatt ebenfalls eingetragen. Die eigentliche Auswertung dieser Ereignisse für das Baugeschehen geschieht aber erst auf der

7. Karte der ingenieurgeologischen Einheiten

Auf dieser Karte (Abb. 4) ist das Stadtgebiet in Bereiche aufgeteilt, die gleiche Bedingungen für die Bebaubarkeit (immer bezogen auf das Städtische Bauwesen) darstellen.

Das auslaugungsgefährdete Gebiet ist als Rayon I ausgeschieden worden. Es zeigt zwei Gefahrenstufen. Im Rayon I a sind solche Stellen erfaßt, an denen sich im Laufe der letzten Jahrzehnte Oberflächensenkungen, Erdfälle und Bauschäden ereignet haben.

Die äußeren Grenzen dieser Bereiche wurden dorthin gelegt, wo mit Sicherheit noch Veränderungen an den Bauwerken registriert werden konnten, die auf Substanzverluste im Untergrund zurückgeführt werden können. Obwohl alle diese Stellen mit der Gipsauslaugung im Zusammenhang stehen, gelang es, verschiedene Typen der Geländesenkungen auszuscheiden. Nach unseren Beobachtungen gibt es Bauschäden, die auf drei verschiedene Ursachen zurückgeführt werden müssen (REUTER 1962):

a) Es gibt Erdfälle, die ein katastrophenartiges Einbrechen der Geländeoberfläche zur Folge haben. Sie treten nicht einzeln, sondern stets zeitlich ziemlich schnell hintereinander und räumlich eng beieinander auf. Eine Voraussage über das Eintreten eines Erdfalles ist nicht möglich.

b) Alte „Großerdfälle“, die das Ergebnis zahlreicher kleiner Erdfälle sind, haben eine durchsiebte Gipsoberfläche, die von einer ± mächtigen Lockergesteinsdecke überlagert wird. Nachträgliche Setzungen des Füllmaterials in den unterirdischen Hohlräumen führt zu einem „Nachziehen“ der Lockergesteine an den trichterförmigen Rändern des Großerdfalles, was zu einer ähnlichen Erscheinung führt, wie sie als Hangfließen bekannt ist.

c) Über einer spaltenreichen Gipsoberfläche, die von Lockergesteinen überlagert wird, kommt es zur Auswaschung der feinsten Korngrößen, die durch die Spalten in den verkarsteten Gips weggeführt werden. Durch das Massendefizit in den Deckschichten kommt es zu Oberflächensenkungen. Diese Erscheinung wird auch als Suffosion bezeichnet.

Die z. Z. auftretenden Geländesenkungen treten immer dort auf, wo Sole aus dem Untergrund auf der Kyffhäusersüdrandstörung aufsteigt. Salzwasser ist in der Lage, den Gips in bedeutend stärkerem Maße zu lösen als Süßwasser. Den Zusammenhang zwischen Gipsauslaugung und Sole hat HERZOG (1962) sehr schön aufgezeigt.

Es soll nur kurz darauf hingewiesen werden, daß auf Salzauslaugung zurückzuführende weitgespannte Oberflächensenkungen im Stadtgebiet von Frankenhausen für das Baugeschehen bedeutungslos sind. Die Entwicklung im Laufe der geologischen Geschichte des Frankenhausener Tales läßt sich allerdings verfolgen (Reuter 1962).

Der Rayon Ib gibt den Bereich beidseitig der Kyffhäusersüdrandstörung an, in dem Senkungen grundsätzlich möglich sind. Er umschließt auch alle Gebiete des Rayons Ia. Das Bauen ist hier zwar erlaubt, aber eine anderweitige Nutzung (Park, Grünfläche usw.) des Geländes ist auf jeden Fall empfehlenswert.

Mit Rayon II wird das Gebiet bezeichnet, das nördlich der Kyffhäusersüdrandstörung liegt und dessen Untergrund vom jüngeren und älteren Gips des Zechsteins gebildet wird. Die Gesteine sind als Baugrund geeignet und können, soweit das Gelände nicht zu stark geneigt ist, durchaus bebaut werden. Erdfälle sind zwar gelegentlich vorgekommen (z. B. FDGB-Ferienheim), sie treten aber so selten auf, daß es unwirtschaftlich wäre, diesen Rayon von der Bebauung auszuschließen. Den Zusammenhang des obengenannten Erdfalles mit einer schadhaften Wasserleitung konnte Kammerer (1960) nachweisen.

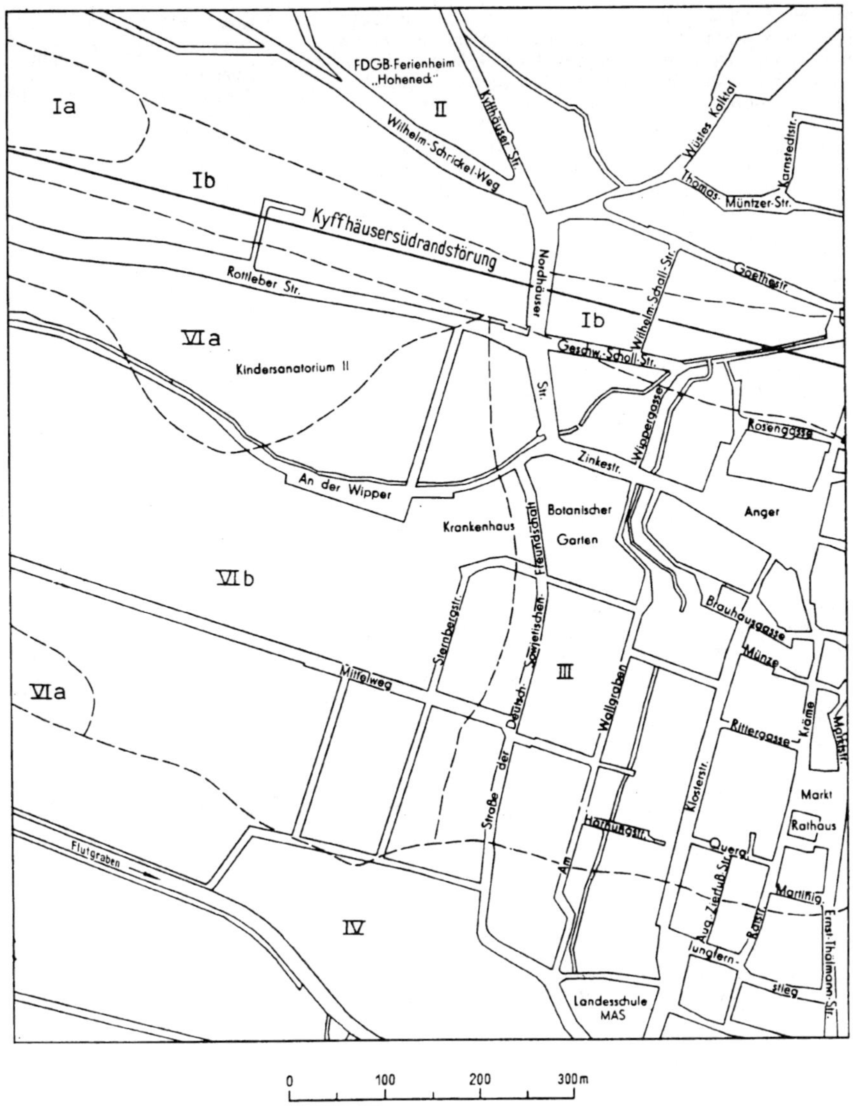

Abb. 4. Ausschnitt aus der Karte der ingenieurgeologischen Einheiten

Im mittleren Teil der Stadt wurde ein Gebiet ausgeschieden, das mächtige Aufschüttungen aufweist (Rayon III). Eine Gründung in der üblichen Tiefe auf natürlichem Untergrund ist hier nicht möglich. Eine spezielle Baugrundberatung ist immer zu fordern.

Als Rayon IV wurde das Verbreitungsgebiet weichplastischer Sedimente (Schwemmlöß und Tonmergel) bezeichnet, die im südlichen Stadtteil zwei kleine Bäche begleiten und als deren Ablagerungsprodukte zu deuten sind. Obwohl sie im Durchschnitt nur 3 m mächtig sind, liegen sie doch auf undurchlässigem Untergrund (Geschiebemergel), so daß der Grundwasserstand sehr hoch ist. Schon nach schwächeren Regenfällen kommt es hier zu Wasseransammlungen an der Geländeoberfläche. Auf Grund dieser Verhältnisse kennt man in diesem Bereich zahlreiche kleinere Bauschäden und Wasserstauungen in Kellern.

Südlich der Stadt wird der Baugrund durch Geschiebemergel gebildet, der von Löß überdeckt wird (Rayon V). Die ingenieurgeologische Besonderheit besteht darin, daß der Geschiebemergel oberflächig stellenweise als schluffiger Kiessand vorliegt, der zwar nur einen geringmächtigen, aber schwach gespannten Grundwasserhorizont darstellt. Das Einzugsgebiet ist sehr groß und reicht bis an die Nordhänge der Hainleite. Mit dem Aufdringen von Grundwasser in Baugruben und Kellern ist hier überall zu rechnen.

Der Rayon VI wurde östlich und westlich des mittleren Stadtgebietes ausgeschieden. Er stellt die am besten geeigneten Bereiche dar, die für eine Stadterweiterung in Frage kommen. Das Grundwasser liegt mindestens bei 2 m unter Gelände oder auch bedeutend tiefer. Entsprechend der vorkommenden Gesteine wurden zwei Subrayons bezeichnet:

VIa) Geschiebemergel, der von Löß überlagert wird. Er ist trocken und von relativ fester Beschaffenheit. Mit ungünstigen Veränderungen braucht hier nicht gerechnet zu werden.
VIb) Der beste Baugrund setzt sich aus Sanden, Kiesen und Schottern zusammen, die aus Kyffhäusermaterial bestehen. Auch bei Hochwasser liegt der Grundwasserspiegel unterhalb der Gründungssohle.

Zusammenfassung

Die Verf. beschreiben Karten, die einen Überblick über sämtliche für das Baugeschehen wichtigen und beachtenswerten Tatsachen geben. Die den Karten beigefügten Erläuterungen gestatten eine Orientierung über die wichtigsten baugrundphysikalischen Kennziffern. Alle auf den Karten ausgeschiedenen Einheiten werden genau beschrieben. Der Text enthält weiter Angaben über gewinnbare Baustoffe und in einem Schlußkapitel wichtige Hinweise für weitere ingenieurgeologische Arbeiten und offengebliebene Fragen. Das Kartenwerk 1:5000 besteht aus einer Aufschlußkarte, einer geologischen Karte mit Mächtigkeitstafel und zwei geologischen Schnitten, einer Baugrundkarte, einer Wasserkarte, einer Karte der ingenieurgeologischen Einheiten sowie mehreren Spezialdarstellungen und tabellarischen Übersichten.

Резюме

Авторы описывают карты, дающие обзор о всех фактических материалах, важных и достойных внимания для строительной деятельности. Прилагаемые к картам обьяснительные записки позволяют ориентироваться о важнейших физических показателях строительного грунта. Все выделенные на картах единицы точно описываются. Кроме того, текст содержит данные о разрабатываемых строительных материалах, а в заключительной главе даются важные указания на дальнейшие инженерно-геологические работы и оставшиеся открытыми вопросы. Набор карт масштаба 1:5000 состоит из карты вскрытия, геологической карты с таблицей мощностей и двумя геологическими разрезами, карты строительного грунта, карты режима вод, карты инженерно-геологических единиц, а также из некоторых специальных изображений и обзоров в виде таблиц.

Summary

The authors describe maps reviewing all facts that have become important and remarkable for building purposes. Explanations added to the maps permit an orientation about the most important soil physics indexes. All units isolated on the maps are described in detail. The text also contains informations about abtainable building materials and, in a final chapter, important hints on further engineering-geological works as well as questions remaining open. The maps are drawn to a scale of 1:5000 and consist of a conjunction map, a geological map containing a thickness table and two geological sections, a soil map, a water map, a map of engineering-geological units, as well as several special representations and summaries arranged in tabular form.

Literatur

FULDA, G.: Zur Entstehung der Hohlräume im Gips. — Z. prakt. Geol., 17, 400—401, Berlin 1909.

HERZOG, G.: Zusammenhang zwischen Senkungserscheinungen und Grundwasserchemismus in Bad Frankenhausen. — Z. angew. Geol., 8, S. 372, Berlin 1962.

KAMMERER, F.: Ingenieurgeologische Arbeiten im Raum zwischen Harz und Hainleite. — Ber. Geol. Ges. DDR, 5, 1/2, 65—77, Berlin 1960.

KAMMHOLZ, H.: Das Pleistozän von Edersleben—Voigtstedt und seine Bedeutung für die örtliche Ziegelindustrie. — Dipl.-Arb., Halle 1955.

KRUTZSCH, W. & H. REICHSTEIN: Das Pleistozän-Profil von Voigtstedt—Edersleben (Bez. Halle). — Geologie, 5, 4/5, 327—349, Berlin 1956.

KUGLER, H.: Studien zur pleistozänen Formung der Hainleite, der Windleite, des Wuppertales und Frankenhauser Beckens. — Wiss. Z. Karl-Marx-Univ., 8. Jg., math.-nat. R., 2, 355—385, Leipzig 1958/1959.

REUTER, F.: Gebäudeschäden durch „Untergrundsenkungen" in Bad Frankenhausen/Kyffhäuser. — Z. angew. Geol., 8, 3, Berlin 1962.

REUTER, F. & R.: Ingenieurgeologische Beurteilung und Klassifikation von Auslaugungserscheinungen. — Freib. Forsch. H., C 127, Berlin 1962.

SCHRIEL, W.: Alte und junge Tektonik am Kyffhäuser und Südharz. — Abh. preuß. geol. Landesanst., NF, 93, Berlin 1922.

SCHRIEL, W. & K. v. BÜLOW: Geologische Karte von Preußen und benachbarten deutschen Ländern, Blatt Frankenhausen, 2. Aufl., Berlin 1925.

Zur Aufgabenstellung der Ingenieurgeologie[1)]

JOHANNES K. KLENGEL, Dresden

Mit diesem Artikel stellt die Redaktion das obengenannte Thema zur Diskussion. Alle Fachkollegen aus Praxis, Wissenschaft und Forschung werden hiermit gebeten, sich an dieser Aussprache zu beteiligen. Das Zentrale Geologische Institut hat in Anerkennung der Wichtigkeit dieser Frage Herrn Dr. F. REUTER gebeten, die eingehenden Diskussionsbeiträge zu sammeln und mit einem Interessentenkreis gründlich durchzuarbeiten. Die Redaktion wird die zusammengefaßten Schlußfolgerungen an gleicher Stelle abschließend publizieren.

1. Einleitung

Ingenieurgeologie ist die Wissenschaft vom Bauen auf und mit Gesteinen[2)]. Sie dient damit in erster Linie der Nutzbarmachung des Territoriums für technische Zwecke. Ihr Arbeitsgebiet umfaßt den Aufschluß des Untergrundes, mineralchemische, petrographische und baugrundphysikalische Untersuchungen der Fels- und Lockergesteine und Anfertigung von Baugrund- und Baustoffkarten. Dazu kommen Untersuchungen der Wechselbeziehungen zwischen den geologischen Prozessen und den Gesteinen auf der einen Seite und den Bauwerken auf der anderen (Rutschungen, Setzungen, Frostveränderungen, Aushöhlungen usw.). Vor allem aber stehen die mit den Gesteinen als Baugrund und Baustoff im Zusammenhang stehenden Probleme des Erd-, Grund-, Straßen-, Eisenbahn-, Flugplatz-, Wasser- und Tunnelbaus im Vordergrund. Die Ingenieurgeologie ist also eng mit der Geologie — als angewandter Naturwissenschaft — und dem Bauwesen — als technischer Disziplin — verflochten. In keinem Falle ist sie als „Abriß der Geologie für Ingenieure" mißzuverstehen.

Da in unserer Republik eine Ausbildung von Ingenieurgeologen an den Hochschulen noch nicht angelaufen ist, sind auf diesem Grenzgebiet zwischen Geologie und Bautechnik sowohl Bauingenieure als auch Geologen tätig. Ihrem Ausbildungsgang entsprechend wenden sie bei der Lösung der ihnen übertragenen Aufgaben entweder geologische oder bautechnische Prinzipien an, oft ohne die Bedeutung und den Nutzen enger Zusammenarbeit anzuerkennen. Diese sich auf das Baugeschehen in unserer Republik nicht fördernd auswirkenden Tatsachen, veranlaßten Verf,. eine Untersuchung über die Stellung der Ingenieurgeologie in Hochschulausbildung und Praxis einiger sozialistischer Staaten — Sowjetunion[3)], Tschechoslowakische Sozialistische Republik[4)] und Volksrepublik Polen[4)] — und dem entwickeltsten kapitalistischen Land — den Vereinigten Staaten von Nordamerika[5)] vorzunehmen.

2. Stellung der Ingenieurgeologie im Wirtschaftsgeschehen

In der Sowjetunion entwickelte sich die Ingenieurgeologie in den Jahren ab 1930 infolge der umfangreichen Bautätigkeit besonders rasch. Während man vorher den Begriff Ingenieurgeologie sehr eng faßte, setzt sich in der Sowjetunion immer mehr eine umfassende Aufgaben-

[1)] Eingang des Manuskripts in der Redaktion: 26. 4. 1962.

[2)] Gestein als Überbegriff für Fels- und Lockergestein (Fels- und Erdarten).

[3)] Die Darlegungen über die Stellung der Ingenieurgeologie in der Sowjetunion gehen auf Gespräche und Diskussionen mit Herrn Prof. Dr. habil. SERGEEW, Direktor des Instituts für Baugrundkunde und Ingenieurgeologie an der Lomonossow-Universität in Moskau, während seines Aufenthaltes in Dresden (Januar 1962) zurück.

[4)] F. REUTER: Unveröffentlichter Dienstreisebericht von der Arbeitstagung des Geologischen Zentralinstituts der ČSSR im Oktober 1961.

[5)] v. MOOS: „Ingenieurgeologie in Nordamerika". — Bull. Ver. Schweizer Petrol.-Geol. u. Ing., Nr. 62/1955.

stellung für die Ingenieurgeologie durch, die etwa folgende Wissenszweige umfaßt:

Ingenieurgeologie

Baugrundkunde
1. Physik und Chemie der Böden
2. Bodenmechanik u. Felsmechanik
3. Künstliche Bodenverbesserung (Bodenstabilisierung)

Regionale Ingenieurgeologie

Ingenieur-Geodynamik
1. Geologische Prozesse, die auf Bauprozesse einwirken (z. B. Rutschungen)
2. Ingenieurgeologische Prozesse als Ergebnis der Bautätigkeit (z. B. künstliche Stauseen und ihre Wirkungen)

Ingenieurgeologische Untersuchungen
1. Laboruntersuchungen
2. Felduntersuchungen (einschl. Kartierung)

Dabei soll nicht unerwähnt bleiben, daß auch in der Sowjetunion verschiedene auf dem Gebiet der Bodenmechanik tätige Bauingenieure dieses Fachgebiet als selbständige Disziplin betrachten, das mit der Ingenieurgeologie unvereinbar ist. Die jedoch auch von dieser Seite nicht zu leugnende enge Verflechtung beider Fachrichtungen bei allen Arbeiten auf dem Grenzgebiet zwischen Geologie und Bautechnik wird auch hier über kurz oder lang zu einer gemeinsamen Linie führen müssen.

In den erwähnten verschiedenen Arbeitsgebieten der Ingenieurgeologie sind in der Sowjetunion eine große Anzahl von Instituten tätig. Einige der wichtigsten seien hier aufgezählt:

Institut für Hydrogeologie und Ingenieurgeologie beim Ministerium für Geologie;
Institut für Hydro- und Ingenieurgeologie bei der Akademie der Wissenschaften;
Institut für Gründungen und Fundamente bei der Akademie für Bauwesen;
Institute für Ingenieurgeologie der Universitäten Moskau, Leningrad, Kiew, Baku usw., der Hochschule für Geologische Untersuchungen in Moskau sowie der verschiedenen Bau-, Verkehrs- und Bergbauhochschulen.

Außerdem bestehen Abteilungen für Ingenieurgeologie bei den verschiedensten Projektierungsbüros wie auch in den regionalen und territorialen Verwaltungen des Ministeriums für Geologie.

Diese Institute und Betriebe führen neben ihren Lehr- und Forschungsarbeiten vor allem Begutachtungen für Baumaßnahmen und spezielle Baugrundkartierungen in verschiedenem Maßstab durch. Dabei ist festzustellen, daß in der Sowjetunion die Baugrundkartierung zwangsläufig eine sehr große Rolle spielt, da eine ins Detail gehende geologische Kartierung in vielen Gebieten noch nicht vorliegt.

In der ČSSR ist der Ausbau der Ingenieurgeologie im vorgenannten Sinne bereits verwirklicht. Hier arbeiten Geologen und Bodenmechaniker als Ingenieurgeologen an der Begutachtung sämtlicher Bauvorhaben. Die Organisationsform ist dabei folgende:

Das Zentrale Geologische Amt in Prag untergliedert sich in vier Erkundungsbetriebe (Prag, Brno, Zilina, Ostrava). Jeder Betrieb besteht u. a. aus einer sogen. „Expedition" (Abteilung) für Ingenieurgeologie und Hydrogeologie. Außerdem sind in den einzelnen Projektierungsbüros ingenieurgeologische Gruppen an der Arbeit, die in nächster Zeit zusammengefaßt den Räten der Bezirke zugeordnet werden sollen. Die Expeditionen für Ingenieurgeologie sind dabei für die Bearbeitung aller großen Bauvorhaben (Talsperren, Wasserkraftwerke, Straßen, Flugplätze, Eisenbahnen, Brükken, Industriebauten) verantwortlich, während die ingenieurgeologischen Gruppen nur die Bauten von örtlicher Bedeutung bearbeiten. Der Aufbau einer solchen Expedition für Ingenieurgeologie ist außerordentlich umfassend und den Erfordernissen entsprechend als vorbildlich anzusehen. Es sind neben der Leitung folgende Gruppen tätig:

Ingenieurgeologie,
Hydrogeologie,
Bodenmechanik und Laboratorien,
Ingenieurgeologische Kartierung,
Bohrungen (mit eigenen Bohrgeräten) und
Spezielle Arbeiten.

Im Erkundungsbetrieb Prag, der in seinem Auf- und Ausbau am weitesten entwickelt ist, hat die erste Gruppe 20, die zweite 15 und die dritte Gruppe 6 Mitarbeiter. Dabei führen die Mitarbeiter der verschiedenen Gruppen alle vorliegenden Arbeiten gemeinsam aus, während das Gesamtgutachten unter Benutzung der Einzelberichte von der Gruppe Ingenieurgeologie zusammengestellt wird.

Eine ähnliche Zusammenfassung der geologisch-bodenmechanischen Arbeiten in Abteilungen für Ingenieurgeologie ist auch in der Volksrepublik Polen vorhanden.

In den USA hat sich eine enge Zusammenarbeit zwischen Technikern und Geologen auf dem Gebiet des Baugrundes eingebürgert. Zumeist geschieht das in Form von Geologischen Abteilungen, die den verschiedenen technischen Büros oder Institutionen zugeordnet sind, wie an folgenden Beispielen zu erkennen ist. Auch die direkte organisatorische Zusammenfassung von Bodenmechanik und Geologie zur Ingenieurgeologie ist schon in einzelnen Fällen vorhanden.

So ist am US Geological Survey eine Ingenieurgeologische Abteilung vorhanden, die sich besonders mit Baugrund- und Baugesteinskarten und weiterhin mit der Frage von Rutschungen befaßt. Eine der Hauptorganisationen, der die Projektierung, die Ausführung und Unterhaltung von militärischen und zivilen Bauten einschließlich der Flußregulierung und der Küstenverbauung obliegen, ist das Corps of Engineers. Diese Institution besitzt neben ihrer Zentralen Geologischen Leitung über das gesamte Land verteilte Geologische Abteilungen (Division Offices) und außerdem auf Großbaustellen spezielle Geologische Büros. Von diesen werden u. a. auch Probleme behandelt, die in unserem Sinne weit in das Gebiet der Bautechnik hineinreichen. Außerdem sind sämtliche Forschungsinstitute dieser Organisation, sofern sie an Problemen des Baugrundes arbeiten, neben Bauingenieuren auch mit Geologen besetzt, so z. B. die Erdbauabteilung des Zentralen Forschungsinstituts, die u. a. auf dem Sektor „Tragfähigkeitsforschung" tätig ist, und das Frost-Research-Establishment, das Frostprobleme im Straßen- und Flugplatzbau behandelt.

Diese Beispiele ließen sich sowohl aus den staatlichen Organisationen als auch aus der Privatindustrie (hier besonders Baugrunduntersuchungsbüros) beliebig erweitern.

In der Deutschen Demokratischen Republik sind für die Arbeiten auf dem Grenzgebiet zwischen Geologie und Bautechnik im wesentlichen zwei Institutionen verantwortlich. Einmal ist es der dem Ministerium für Bauwesen unterstellte VE-Betrieb „Baugrund" mit seinen Arbeitsstellen in Berlin, Dresden, Stralsund und Naumburg; zum anderen sind es die Abteilungen Ingenieurgeologie der VE Erkundungsbetriebe in den Städten Berlin, Halle, Jena, Schwerin und Freiberg und die Abteilungen Ingenieurgeologie bei den Räten der Bezirke. Daneben existieren noch eine Anzahl von Spezialinstituten, die zum größten Teil den Hoch- bzw. Fachschulen zugeordnet sind. Hier wären besonders zu nennen:

Forschungsanstalt für Schiffahrt, Wasser- und Grundbau Berlin;

Zentrales Geologisches Institut, Berlin, Abt. Ingenieurgeologie;
Institut für Grundbau und Baugrundmechanik der Technischen Universität Dresden;
Institut für Grundbau und Baugrundmechanik der Hochschule für Bauwesen in Leipzig;
Institut für Grundbau und Bodenmechanik der Hochschule für Bauwesen in Cottbus;
Institut für Geotechnik und Ingenieurgeologie des Verkehrsbauwesens der Hochschule für Verkehrswesen Dresden;
Institut für Tagebaukunde an der Bergakademie Freiberg;
Bodenmechanisches Laboratorium an der Fachschule für Straßenwesen in Schleusingen.

Alle hier genannten Institutionen besitzen Laboratorien zur Bestimmung der wichtigsten bodenmechanischen Kennwerte sowie einen ihren jeweiligen Aufgaben entsprechenden Gerätepark für die Feldprüfung. Zusätzlich zu den hier erwähnten Lehr- und Forschungsstätten ist damit begonnen worden, bodenmechanische Laboratorien innerhalb von Projektierungs- und Ausführungsbetrieben des Bauwesens und Bergbaus bzw. bei den Räten der Bezirke ins Leben zu rufen, um die Belastung der zuerst genannten Betriebe und Institute abzumindern.

Nach den geltenden Gesetzen müssen die ersten beiden Institutionen für alle Bauvorhaben herangezogen werden. Dabei haben sich der VEB Baugrunduntersuchungen vor allem auf die Belange des Industrie-, Städte- und Brückenbaus und die Abteilungen Ingenieurgeologie der Erkundungsbetriebe auf die Probleme des Talsperrenbaus, des Verkehrsbauwesens (mit Ausnahme hoher Dämme), der Gründungen auf Felsgesteinen und der Baugrundkartierung spezialisiert. Außerdem sind die Abteilungen Ingenieurgeologie für die Perspektivplanung aller Zweige des Bauwesens zuständig. Die übrigen Institute können neben Lehr- und Forschungsarbeiten, die den wesentlichen Teil ihrer Kapazität ausmachen, auch für die Bearbeitung besonders schwieriger Gründungen herangezogen werden. Die unterschiedliche personelle Besetzung dieser Institutionen — in der Regel entweder Geologen oder Bauingenieure — muß zu einer uneinheitlichen, die jeweilige Ausbildungsrichtung betonenden Begutachtung führen.

3. Die Ausbildung von Ingenieurgeologen

In der Sowjetunion wird schon seit geraumer Zeit eine Ausbildung von Ingenieurgeologen an verschiedenen Universitäten und Hochschulen vorgenommen (z. B. in Moskau, Leningrad, Kiew, Baku, Tbilissi, Alma-Ata, Tomsk).

Die Heranbildung dieser Spezialisten erfolgt im Rahmen der Fachrichtung Ingenieur- und Hydrogeologie, wobei im allgemeinen nach dem 3. Studienjahr eine Spezialisierung auf Hydro- oder Ingenieurgeologie erfolgt. In den ersten zwei Studienjahren ist infolge sehr enger Beziehungen in den Grundlagenfächern noch eine gemeinsame Ausbildung möglich. Die Studenten der Ingenieurgeologie erhalten dann besonders Spezialvorlesungen über praktische und theoretische Bodenmechanik, Felsmechanik, Technische Mechanik und über Fragen des Ingenieurbaus. Jährlich werden etwa 200 Ingenieurgeologen ausgebildet.

In der ČSSR gibt es drei Lehrstühle für Ingenieurgeologie, und zwar an der TH Prag, der TH Bratislava und an der Universität Bratislava. An der Naturwissenschaftlichen Fakultät dieser Universität studieren pro Studienjahr etwa 15 Ingenieur- und Hydrogeologen. Vom ersten Studienjahr an erfolgt die zielstrebige Heranbildung des wissenschaftlichen Nachwuchses nach einem Studienplan, der neben den Grundfächern, Philosophie und Sprachen, folgende Fachgebiete — vom Verfasser in Gruppen zusammengefaßt — beinhaltet:

Fachgebiet	Vorlesungs- und Seminarstunden
Mathematik/Physik	ca. 200
Chemie	130
Darstellende Geometrie, Geodäsie, Technisches und Topographisches Zeichnen	130
Festigkeitslehre	40
Mineralogie, Petrographie, Gefügekunde	400
Allgemeine, Historische und Regionale Geologie	500
Erkundung, Sondierung, Bohrung	60
Ingenieurgeologie	200
Hydrogeologie, einschl. Hydraulik	250
Lagerstätten der Steine u. Erden, einschl. Chemie	110
Bodenmechanik u. Grundlagen des Bauwesens	140
Baustoffe	50
Baugrundverbesserung	80

15 Wochen Geländearbeiten kommen hinzu, die über die verschiedenen Semester verteilt sind und Vermessung, Kartierung, Bohren und Arbeiten in einem Betrieb umfassen.

Auch in der Volksrepublik Polen wurde in den letzten Jahren an der Warschauer Universität ein Lehrstuhl für Ingenieurgeologie geschaffen, an dem jährlich 15 bis 20 Spezialisten ausgebildet werden.

In den USA besteht an rund 25 Hochschulen die Möglichkeit, das Fachgebiet Ingenieurgeologie zu studieren. Die Grundlage bildet ein normales Bauingenieur- oder Geologiestudium, dem die entsprechenden geologischen bzw. technischen Fächer angeschlossen sind.

Die Lehrpläne sind uneinheitlich, da sie von der wissenschaftlichen Richtung abhängen, die der jeweilige Dozent vertritt. Diese starke Zersplitterung war die Ursache dafür, daß auf Initiative der American Society of Civil Engineers und der Geological Society of America ein Joint Committee on Engineering Geology zur Ausarbeitung von Studienplanvorschlägen gegründet wurde. Die gemeinsame Arbeit der größten amerikanischen Organisation für Bauingenieure und Geologen bilden zweifelsohne die Gewähr dafür, daß sich auch in den USA die Ingenieurgeologie im Sinne einer engen Verflechtung der technischen mit den geologisch-mineralogischen Wissenschaften durchsetzt.

In der Deutschen Demokratischen Republik ist an keiner der vorhandenen Universitäten bzw. Hochschulen ein Studium der Ingenieurgeologie möglich. An den Universitäten Berlin, Halle, Jena, Rostock und Greifswald sowie an der Bergakademie Freiberg, wo man Geologen bzw. Mineralogen ausbildet, werden durchschnittlich ein Semester lang 3 Wochenstunden Einführungen in die Ingenieurgeologie gebracht, die in den meisten Fällen Spezialisten anderer geologischer Richtungen „mit“-lesen. Die Probleme der Bodenmechanik werden dabei außer an der Bergakademie Freiberg überhaupt nicht angeschnitten.

Ein ähnliches Bild ergibt sich bei der Betrachtung des Ausbildungsganges von Bauingenieuren an der Technischen Universität Dresden, der Hochschule für Verkehrswesen Dresden sowie an den Hochschulen für Bauwesen in Leipzig, Cottbus und Weimar. Neben einer guten Ausbildung in den Fächern Bodenmechanik und Grundbau erhalten die Studenten im allgemeinen nur eine Kurzfassung der Mineralogie und Geologie ohne Beziehung zu den Belangen der Bautechnik in einer zweisemestrigen Vorlesung mit je 2—3 Wochenstunden dargeboten. Dabei nehmen Probleme, die für den Bauingenieur in der Praxis völlig bedeutungslos sind (z. B. Kristallographie, Betonung der Felsgesteine, Stratigraphie usw.), einen großen Raum ein.

Eine gewisse Ausnahme bildet hierin die Hochschule für Verkehrswesen Dresden, an der für die angehenden

Bauingenieure die Grundlagen der Ingenieurgeologie als Festigkeitslehre der natürlichen Fels- und Lockergesteine unter Berücksichtigung der für den Bauingenieur wichtigen stabilitätsändernden Vorgänge und ihre Auswirkungen auf die verschiedenen Belange des Bauwesens zwei Semester lang mit je 2 Wochenstunden gelesen werden.

4. Schlußfolgerungen

Es ist festzustellen, daß in unserer Republik eine scharfe Trennung zwischen den auf dem Grenzgebiet zwischen Geologie und Bautechnik arbeitenden Geologen einerseits und Bauingenieuren andererseits vorhanden ist, während in den wichtigsten sozialistischen Ländern — ja, in den Anfängen selbst in dem am weitesten entwickelten kapitalistischen Staat — eine Zusammenführung aller auf diesem Gebiet tätigen Kräfte als Arbeitsrichtung „Ingenieurgeologie" unverkennbar ist.

Diese Zusammenfassung kann nur Vorteile für das gesamte Bauwesen eines Landes im weitesten Sinne mit sich bringen, da sämtliche notwendigen Fachdisziplinen in einer Organisation vereinigt sind und die gerade auf diesem Gebiet sehr häufig anzutreffende Komplexität der Probleme von den verschiedenen Fachwissenschaftlern leichter übersehen werden kann als von einem Bautechniker oder Geologen allein. Nicht zuletzt können dadurch Fehlentscheidungen, die infolge einer einseitigen Ausbildung eintreten können, weitestgehend vermieden werden.

Sollte man nicht auch in unserer Republik eine solche Zusammenfassung und Koordinierung der Kräfte zur Erzielung eines größtmöglichen Nutzens in Erwägung ziehen? Die vor uns liegenden umfangreichen Aufgaben des gesamten Bauwesens — ob auf dem Sektor Hoch- und Industriebau oder dem Straßen-, Eisenbahn- und Wasserbau — könnten dann wesentlich zielstrebiger und umfassender angepackt werden als bisher.

Auch wenn sich augenblicklich eine bestimmte Organisationsform eingebürgert hat und seitens unserer staatlichen Organe bestätigt worden ist, kann es in einer sozialistischen Wirtschaft, die die Entwicklungsgesetze in Natur und Gesellschaft zur Richtschnur ihres Handelns gemacht hat, keinen Hinderungsgrund für eine Änderung der derzeitigen Verhältnisse im Sinne einer fortschrittlicheren und nutzbringenderen Regelung geben. Voraussetzung für die Einführung einer neuen ökonomisch besseren Organisationform wäre in erster Linie eine Zusammenfassung aller im VEB Baugrund und seinen Zweigstellen sowie den Ingenieurgeologischen Abteilungen der VE Erkundungsbetriebe und Räte der Bezirke tätigen Kader in einer Institution. Sie sollte zweckmäßiger — da Arbeiten für alle Bedarfsträger der verschiedenen Ministerien durchgeführt werden — keinem Fachministerium, sondern einer übergeordneten oder gleichrangig nebengeordneten Dienststelle angeschlossen werden. Ihre Mitarbeit muß bei der Vorplanung beginnen und darf erst nach Abschluß des Bauvorhabens aufhören. Man könnte unter Berücksichtigung dieser Gedankengänge etwa an folgende Aufgabenstellung denken (Tab.).

Damit würden das Nebeneinander zweier — letztlich an den gleichen Problemen tätiger — Institutionen in unserer Republik, Schwierigkeiten und Doppelarbeiten, die heute besonders deutlich während der Aufschlußarbeiten, bei der Standardisierung und bei der Einführung einheitlicher Labor- und Feldversuche in den verschiedenen Zweigen des Bauwesens zum Ausdruck kommen, endgültig der Vergangenheit angehören. Nicht

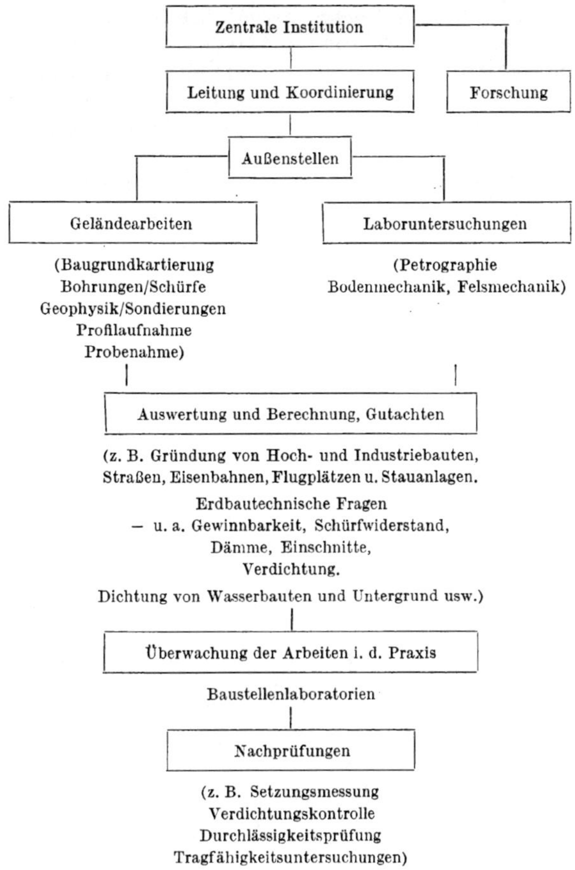

zuletzt könnte damit die so wichtige Konzentration aller in der Republik auf diesem Gebiet vorhandenen Kräfte erreicht werden, die eine wesentliche Grundlage für die Erhöhung der Produktivität im Baugeschehen darstellen und damit unserem Aufbau in jeder Weise förderlich wären.

Zur Verbesserung der Arbeiten auf dem Gebiet der Ingenieurgeologie ist es gleichermaßen notwendig, der Ausbildung von Fachkadern besondere Aufmerksamkeit zu schenken. Genau wie es in der Sowjetunion, der Tschechoslowakischen Sozialistischen Republik und der Volksrepublik Polen — als Voraussetzung für die stürmische Entwicklung des Bauwesens — als notwendig erkannt wurde, spezielle Kader für das Gebiet der Ingenieurgeologie auszubilden, dürfte diese Maßnahme auch in der Deutschen Demokratischen Republik zweckmäßig, um nicht zu sagen, dringend erforderlich, sein.

Diesen gleichermaßen naturwissenschaftlich und technisch ausgebildeten Ingenieurgeologen steht ein reiches Betätigungsfeld z. Z. in den Zweigstellen des VEB Baugrund, den Ingenieurgeologischen Abteilungen der VE Erkundungsbetriebe und der Räte der Bezirke sowie in den entsprechenden Hoch- und Fachschulinstituten, größeren Baubetrieben und nicht zuletzt den Braunkohlenkombinaten offen. Besonders bei den letztgenannten beiden Gruppen würde das Vorhandensein von entsprechenden Spezialisten eine empfindliche Lücke bei Baudurchführung und Kontrolle sowie beim Abbau und der Kippensicherung schließen. Nicht zuletzt könnten diese Fachkräfte wesentlich dazu beitragen, die vorhandene Kluft zwischen Geologen und Bauingenieuren zu überbrücken und jede Seite von der Notwendigkeit der anderen zu überzeugen, was die Zusammenarbeit in einer gemeinsamen Institution besonders fördern würde.

In der DDR dürfte etwa im gleichen Umfang wie in der ČSSR und der VR Polen eine jährliche Ausbildung von etwa 10—20 Spezialisten auf diesem Spezialgebiet notwendig sein. Ähnlich wie in der Sowjetunion könnte man in der ersten Hälfte des Studiums eine gemeinsame Ausbildung mit Hydrogeologen in Erwägung ziehen, während in der zweiten Hälfte dann eine Spezialisierung erfolgen müßte. Im Vergleich zum Studienplan der ČSSR (vgl. 3.) sollte man dabei allerdings die Vorlesungen über die Probleme der Bodenmechanik, des Grund- und Erdbaus auf Kosten verschiedener geologischer Spezialgebiete erhöhen.

Der Aufbau einer Fachrichtung Ingenieurgeologie wäre sowohl an der Technischen Universität oder der Hochschule für Verkehrswesen, Dresden, als auch an der Bergakademie Freiberg ohne wesentlichen zusätzlichen Aufwand möglich. An beiden Dresdner Hochschulen wäre eine Vergrößerung der Ausbildungsmöglichkeiten auf dem geologisch-mineralogischen Fachgebiet, an der Bergakademie Freiberg auf dem rein bautechnischen Sektor erforderlich. Die günstigste Lösung scheint im Augenblick zweifellos eine Abstimmung zwischen Freiberg und Dresden und die Festlegung eines Studienplatzwechsels für die Studierenden der Ingenieurgeologie zu sein. Inwieweit eine getrennte Ausbildung von Ingenieurgeologen für die Belange der Bautechnik und solche für den Bergbau ratsam erscheint, kann nur durch Vertreter beider Fachrichtungen und der staatlichen Organe entschieden werden.

Der überwiegende Teil aller Geologen und Bauingenieure kommt im Laufe seiner praktischen Tätigkeit mit dem Grenzgebiet zwischen Geologie und Bautechnik in irgendeiner Form in Berührung. Deshalb sollte an den entsprechenden Hochschulen und Universitäten einer ausreichenden Ausbildung im Fach Ingenieurgeologie mehr Aufmerksamkeit geschenkt werden. Den Studenten der Geologie muß dabei in erster Linie die technische Seite der Ingenieurgeologie nahegebracht werden. Es ist hierbei besonders an folgende wichtige und häufig auftretende Probleme gedacht:

Ermittlung und Bedeutung baugrundphysikalischer Kennziffern,
zulässige Belastung,
Gründungsarten,
Setzungen — Rutschungen,
Frost im Baugrund,
Bodenstabilisierung,
Verdichtungswilligkeit und -prüfung,
Dichtungsverfahren im Wasserbau,
Baugrunddichtung und -verfestigung,
technische Verwendung und Prüfung der Gesteine,
Baugrundkartierung,
Felsmechanik.

Dafür sollten im 6. und 7. Semester je etwa 4 Wochenstunden vorgesehen werden. Etwa die gleiche Anzahl von Vorlesungsstunden müßte für das Fach Ingenieurgeologie auch an den Hochschulen, die Bauingenieure ausbilden, zur Verfügung stehen.

Hier ist der Schwerpunkt der Ausbildung selbstverständlich auf das geologisch-mineralogische Wissensgebiet zu legen, das aber nicht, losgelöst von den bautechnischen Belangen, einen „Abriß der Geologie" darstellen darf, sondern die Wechselbeziehungen zwischen den geologischen Vorgängen und Prozessen und den Gesteinen als Baugrund und Baustoff auf der einen Seite und dem Bauwerk auf der anderen betonen muß. Besonderer Wert ist dabei den Problemen und Ursachen der Festigkeitsveränderungen beizumessen. Außerdem muß das Erkennen der Gesteine — und hier besonders der Lockergesteine — mit Hilfe einfacher Handprüfverfahren sowie das Lesen und Auswerten geologischer und Baugrundkarten ein wichtiger Bestandteil der Ausbildung sein. Eine wesentlich stärkere Betonung des ingenieurgeologischen Wissensgebietes, als hier angegeben, dürfte bei der Ausbildung von Verkehrsbauingenieuren am Platze sein, da für den Straßen-, Eisenbahn- und Verkehrswasserbauer im Gegensatz zum konstruktiven Ingenieur die Probleme des Erdbaus im weitesten Sinne im Vordergrund stehen sollten. Dieser wichtigen Tatsache, nämlich einer stärkeren Beachtung der bisher nicht im notwendigen Maße geförderten Belange des Erdbaus, wurde an der Hochschule für Verkehrswesen, als der dafür prädestinierten Ausbildungsstätte in der DDR, bisher leider nicht Rechnung getragen. Das kommt in den vorhandenen Studienplänen, die sich auf diesem Gebiet von denen der übrigen Bauhochschulen nicht unterscheiden, zum Ausdruck.

Zusammenfassend läßt sich feststellen, daß in der DDR — im Gegensatz zu den übrigen sozialistischen Staaten — die Ingenieurgeologie auch in der Hochschulausbildung nicht die Rolle spielt, die diesem wichtigen Fachgebiet bei der Ausbildung von Bauingenieuren und Geologen ohne Zweifel zukommt. Die augenblickliche Neubearbeitung der Studienpläne bietet die günstige Gelegenheit, diesem Mangel schnellstens abzuhelfen.

Zusammenfassung

Verf. untersucht die Stellung der Ingenieurgeologie im Rahmen der Hochschulausbildung und in der Wirtschaft verschiedener Länder. Die Auswertung gibt einige Anhaltspunkte für die Verbesserung in Praxis und Lehre auf diesem Sektor. Die Fragen werden im einzelnen zur Diskussion gestellt.

Резюме

Автор рассматривает положение инженерной геологии в рамках обучения в вузах и в хозяйстве разных стран. Интерпретация дает некоторые указания по улучшению практики и учебы в этом секторе. Вопросы были поставлены на дискуссию.

Summary

The author investigates the position occupied by engineering geology in the university training and economic practice of various countries. The evaluation gives some clues to improve practice and theory on this sector. The problems are separately submitted to discussion.

Zur Definition einiger erdölgeologischer Grundbegriffe[1]

FRIEDRICH STAMMBERGER, Berlin

1. Vorbemerkung

F. WEGERT (1961) hat in dieser Zeitschrift einige Definitionen erdölgeologischer Grundbegriffe in Anlehnung an sowjetische Autoren gegeben, die — vermutlich kraft der Autorität der von WEGERT zitierten sowjetischen Geologen — von einem Teil unserer Erdölgeologen übernommen wurden. Die bei uns bestehende Begriffsunklarheit und -verwirrung, deren Beseitigung erklärtes Ziel der WEGERTschen Veröffentlichung war, ist dadurch leider nicht geringer, sondern nach Meinung des Verfassers eher größer geworden.

Zu den diskutierten Fachausdrücken gehörten Speicher, natürliches Reservoir, Lager, Falle, Lagerstätte, Erdölfeld. R. MEINHOLD (1961) ist in seiner Stellungnahme bereits auf die wichtigsten Begriffe eingegangen. Es muß ihm zugestimmt werden, wenn er rät, eingeführte Begriffe ohne entsprechende Notwendigkeit nicht umzudeuten bzw. ihnen einen neuen Inhalt zuzuschreiben.

Die Tatsache, daß überhaupt an die exakte Definierung erdölgeologischer Begriffe und die Systematisierung erdölgeologischer Fakten herangegangen werden konnte, ist das Ergebnis jahrzehntelanger intensiver Forschung in vielen Ländern. Die führende Rolle kommt

[1]) Eingang des Manuskripts in der Redaktion: 3. 5. 1962

hierbei zweifellos den amerikanischen und sowjetischen Erdölgeologen zu, wobei die erdölgeologische Wissenschaft der UdSSR in den letzten dreißig Jahren besonders große Fortschritte gemacht hat. Die Arbeiten W. B. WILSONs, M. MUSKATs, A. J. LEVORSENs u. a. haben ebenso zur Entwicklung und Festigung der Erdölwissenschaft und zur Systematisierung unserer Kenntnisse beigetragen wie die von I. M. GUBKIN, I. O. BROD, N. A. JEREMENKO, M. F. MIRTSCHINK und vieler anderer.

Etwa seit Beginn der 30er Jahre setzte international das Bemühen ein, Begriffe wie Lager, Lagerstätte, erdöl-erdgas-führendes Becken und Erdöl-Erdgas-Provinz u. a. exakt voneinander abzugrenzen und damit zu erreichen, daß nicht länger verschiedene Dinge mit dem gleichen Fachausdruck — und umgekehrt — bezeichnet werden und so das gegenwärtige Verständnis erschweren.

WEGERT setzte sich offenbar das Ziel, für die DDR das nachzuholen, was in der UdSSR seit etwa 1950 bereits erreicht war. Dieses Bemühen ist anzuerkennen und zu unterstützen. Es war völlig richtig, dabei von dem Erkenntnisstand der sowjetischen Wissenschaftler auszugehen. Der Einspruch MEINHOLDs und mündliche Äußerungen anderer Erdölgeologen zeigen jedoch, daß der gewünschte Effekt nicht erreicht wurde.

2. Müssen wir unsere Fachausdrücke den amerikanischen anpassen?

Die erdölgeologische Literatur der UdSSR und der USA zeigt, daß innerhalb jedes Landes bis etwa 1930 und in vielen Ländern noch gegenwärtig keine einheitliche Fachsprache gesprochen wird. Nehmen wir als Beweis hierfür nur die am meisten verbreiteten Bezeichnungen für eine einzelne natürliche Erdölakkumulation. In der Sowjetunion waren dafür im Umlauf: Lager, Lagerstätte, Falle. In der amerikanischen Fachliteratur finden wir dafür: oil pool, oil reservoir, trap.

Erdölakkumulationen treten oft als Gruppen einzelner Anhäufungen auf, sie wurden bezeichnet: russisch — vielschichtige Lager, Lagerstätten, Strukturfallen, erdöl-erdgas-führende Struktur, erdöl-erdgas-führende Fläche; im amerikanischen Schrifttum — oil pool, oil field, trap, oil bearing area, productive area usw.

BROD & JEREMENKO (1957) schlugen in der von WEGERT zitierten Arbeit vor, für die einzelne Akkumulation die Bezeichnung „Lager" und für die Gruppe von Einzelakkumulationen „Lagerstätte" zu verwenden. Nach ihrem Empfinden kommen als Äquivalente von den gebräuchlichen amerikanischen Bezeichnungen am ehesten „pool" und „oil field" in Betracht. Im übrigen halten sie das für eine von den amerikanischen Erdölfachleuten selbst zu entscheidende Angelegenheit.

Offensichtlich ist die Bezeichnung oil field (Ölfeld) nicht viel glücklicher als pool (Pfütze), die zu jener Zeit entstand, als man noch glaubte, daß in der Erde das Erdöl in Form kleiner Seen und Teiche vorliege. Doch warum sollte gerade dieser Umstand uns deutsche Geologen veranlassen, vorhandene exakte deutsche Ausdrücke und bessere deutsche Begriffe durch weniger gute, dem amerikanischen Sprachgebrauch angepaßte zu ersetzen? Wenn das z. T. in Westdeutschland geschieht, ist das zwar bedauerlich, jedoch immerhin einfach zu erklären: Die erdölgeologische Wissenschaft hat in Westdeutschland ihre Bodenständigkeit weitgehend verloren und befindet sich unter nachhaltigem Einfluß der USA.

Wir haben bei uns nicht wenige Lagerstätten fester mineralischer Rohstoffe, in denen von einem unteren und oberen oder 1., 2., 3. usw. Lager gesprochen wird. Das hatte sich auch in der Erdöl-Erdgas-Geologie eingebürgert. Besteht eine zwingende Notwendigkeit dafür, nunmehr neue Begriffsinhalte für diese eingebürgerten Termini zu schaffen?

Es ist natürlich, daß die Erdölgeologie eine Reihe von Besonderheiten in ihrer Fachsprache aufweist, da diese in der Geologie, der Sache selbst wurzeln. Doch wäre es verkehrt, wollte man auch dort noch Unterschiede und Besonderheiten künstlich schaffen, wo sie sachlich nicht bedingt sind. Die neuen Begriffsdefinitionen WEGERTs gehören m. E. zu solchen unnötigen Schöpfungen.

3. Das Erdöllager und seine Definition

WEGERT stützt sich bei seinen Vorschlägen auf BROD & JEREMENKO (1957), zwei sowjetische Gelehrte, deren Meinung sicher die größte Beachtung verdient. Der Leser ist auch zweifellos dafür dankbar, wenn ihm der Standpunkt dieser Gelehrten zu den strittigen Fragen durch entsprechende Zitate vermittelt wird. Verfasser hält jedoch die Manier, mit der von WEGERT zitiert und ins Deutsche übertragen wird, nicht für korrekt und annehmbar.

a) Auf S. 75 wird bei WEGERT ein Zitat angeführt, das im ersten Satz den Speicher definiert, im zweiten das natürliche Reservoir. Tatsächlich steht der erste Satz auf S. 254 und der zweite auf S. 258 des russischen Originals.

b) Aus diesem zusammengesetztem Zitat könnte herausgelesen werden, daß Speicher und natürliches Reservoir zwei Dinge sind, die wenig oder nichts — als Begriffe — miteinander zu tun haben. In Wirklichkeit sind die Beziehungen äußerst eng und von den o. g. Autoren wie folgt beschrieben worden:

> „In der Natur dient als Aufnahmeraum für Erdöl, Gas und Wasser der Speicher, der von schlechtdurchlässigen Gesteinen umgeben ist. Das Verhältnis des Speichers zu seinem Milieu (wörtlich: umgebenden Medium), in dem er gewissermaßen ein Gefäß darstellt, das eine bestimmte Form hat und Erdöl, Gas und Wasser aufnehmen kann, liegt dem Begriff ‚natürliches Reservoir' zugrunde" (S. 257/8).

Als natürliches Reservoir wird also der Speicher in seiner Abgeschlossenheit durch undurchlässige Schichten bezeichnet, wobei selbstverständlich die Form des Reservoirs durch die des Speichers bestimmt wird.

BROD & FROLOW (1957), auf die sich WEGERT in seiner Arbeit ebenfalls bezieht, schreiben völlig unmißverständlich:

> „Speicher, die im Hangenden und Liegenden, also von oben und unten, durch wenig durchlässige Gesteine begrenzt werden, bilden natürliche Reservoire" (S. 6).

Es kann weitgehend MEINHOLD (1961) zugestimmt werden, der die praktische Bedeutung der Einführung dieses Begriffs bezweifelt und vorschlägt, auf ihn zu verzichten.

Nicht uninteressant ist in diesem Zusammenhang, daß WILSON 1934 mit oil reservoir im Grunde das bezeichnete, was BROD 1933 als „salesh" (Lager) definierte — nämlich eine einzelne natürliche Erdölakkumulation!

c) Wenn WEGERT ferner in seinem Zitat auf S. 76 völlig willkürlich Lagerstätte dort übersetzt, wo es russisch Lager (salesh) heißt, erweist er nach Meinung des Verf. den sowjetischen Autoren einen wissenschaftlichen Bärendienst. Denn das ist deshalb völlig unzulässig, weil die sowjetischen Autoren — bei der Charakterisierung des begrifflichen Durcheinanders — beide Begriffe (Lager und Lagerstätte) nacheinander aufzählen und natürlich nicht zufällig den ersten wählen!

Wenn bei WEGERT irgendwelche Zweifel darüber bestanden hätten, wie BROD & JEREMENKO (1957) zu verstehen und ins Deutsche zu übertragen sind, hätte er bei den ebenfalls zitierten BROD & FROLOW (1957) in dieser Hinsicht völlige Klarheit erhalten können: Diese beiden Autoren betrachten im 1. Kapitel ihres Buches Erdöl, Erdgas usw. im Zusammenhang mit allen übrigen mineralischen Rohstoffen (auch den festen) und erläutern den Begriff Lagerstätte:

„Der Terminus Lagerstätte[2]) entstand im Bergwesen (in seiner Anwendung auf nutzbare Bodenschätze) aus der Vorstellung, daß der Akkumulationsort eines nutzbaren Bodenschatzes auch der Ort seiner ‚Geburt' ist. Bei der Betrachtung von Erdöl-Erdgas-Lagerstätten ist unter diesem Terminus nicht der ‚Geburtsort' von Erdgas und Erdöl, die fähig sind, in der Erde zu migrieren, zu verstehen, sondern der Ort ihrer Akkumulation, d. h. die Bildung eines oder mehrerer übereinander liegenden Lager" (S. 7).

Nachdem der gute deutsche Begriff Lager von WEGERT aus dem Sprachgebrauch gestrichen und durch Lagerstätte ersetzt worden ist, ergibt sich bei ihm zwangsläufig „Erdölfeld" für das, was auf deutsch und russisch „Lagerstätte" heißt.

Statt Klärung also zusätzliches Durcheinander in Punkten, die glücklicherweise inzwischen geklärt waren. Denn wenn über eine Reihe umfassender, regionaler Begriffe (Zonen der Erdöl-Erdgas-Akkumulation, erdöl-erdgas-führende Provinzen, erdöl-erdgas-führende Becken u. ä.) gegenwärtig auch in der UdSSR die Diskussion noch nicht abgeschlossen ist, sind „Lager" und „Lagerstätten" als Ergebnis einer etwa 30 Jahre lang geführten Aussprache recht exakt formuliert und „können als allgemein anerkannt gelten" (JEREMENKO 1960).

4. Die Erdöllagerstätte und das Erdölfeld

Für Theorie und Praxis ist es wichtig, Grundsätze für die Klassifizierung von Erdöl- und Erdgasakkumulationen auszuarbeiten und eine Klassifizierung vorzunehmen. Sie muß alle entsprechenden Erscheinungen umfassen, d. h. von der elementaren einzelnen Akkumulation (Lager) bis zu den regionalen Einheiten (Erdölakkumulationszonen, erdöl - erdgas - führende Becken und Provinzen) reichen.

„Zwischen den erwähnten Kategorien der Akkumulation — regionaler Zone und einzelnem Lager — liegt ein Zwischenelement der Klassifikation, das von den sowjetischen Geologen als Lagerstätte, in der amerikanischen Fachliteratur am häufigsten als oil field bezeichnet wird" (BROD & JEREMENKO, S. 337).

BROD hatte 1944 eine Definition des Begriffs Erdöl-Erdgas-Lagerstätte gegeben, die inzwischen in der UdSSR allgemein anerkannt wurde. Danach umfaßt eine Lagerstätte Erdöl- und Erdgaslager ein und derselben Fläche, die übereinander lagern. Eine Lagerstätte ist also eine „Gemeinschaft von Lagern, die durch einen gemeinsamen Abschnitt der Erdoberfläche vereinigt und deren Bildung durch ein Strukturelement kontrolliert wird" (BROD & JEREMENKO 1957, S. 337).

Es liegt bei uns ebensowenig wie in der UdSSR ein Grund vor, für diese geologische Erscheinung etwa den unvollkommenen Begriff Ölfeld (oil field) einzuführen, da die deutsche und russische Sprache hierfür geeignetere eigene Begriffe besitzen. Mehr noch, die deutsche Sprache kennt auch den Ausdruck Vorkommen. Es hindert uns niemand, „Vorkommen" für wirtschaftlich nicht nutzbare Akkumulation — sowohl für einzelne Lager als auch für Gruppen von Lagern — zu verwenden und Lager und Lagerstätten nur für industriell nutzbare (einschließlich Außerbilanz) Akkumulationen zu verwenden.

Wenn die bei uns bisher üblichen Begriffe beibehalten werden, kann folglich eine Lagerstätte aus einem oder mehreren Lagern bestehen (ebenso wie ein Lager aus einer oder mehreren Schichten). Diese Bezeichnung ist exakter und eindeutiger als der von MEINHOLD vorgeschlagene „Lagerstättenteil". Als Lagerstättenteil sollten vielmehr nur ein oder mehrere Teile der Lagerstättenfläche (tektonische Blöcke, Teile der Struktur usw.) verstanden werden, wobei in jedem Lagerstättenteil übereinander u. U. mehrere Lager vertreten sind.

Der Ausdruck „Feld" ist erdölgeologisch nicht eindeutig definiert. Wenn damit die vom Umriß der Erdölführung eingeschlossene Fläche gemeint ist, muß das erläutert werden. Wenn darunter eine Fläche verstanden wird, auf der mehrere Lagerstätten auftreten, mit diesem Begriff also eine gewisse regionale Einheit ausgedrückt werden soll, entspricht er etwa dem sowjetischen Begriff „Zone der Erdöl-Erdgas-Akkumulation", unter der Bedingung, daß die gesetzmäßigen Beziehungen (strukturell oder stratigraphisch) der Lager und ihrer Gruppen zu einer bestimmten Fläche ausgedrückt werden sollen.

WEGERT zitiert BROD & FROLOW (1957), um seine Begriffsneudeutung für Erdölfeld zu begründen. Doch auch diese Übertragung aus dem Russischen ins Deutsche ist unkorrekt, weil völlig willkürlich „Lager" mit Lagerstätte und „Lagerstätte" (mestoroshdenje) mit Erdölfeld wiedergegeben wird. Die Willkür ist hier besonders eindeutig, weil diese Autoren — wie bereits oben erwähnt — in dem betreffenden Kapitel Erdöl und Erdgas im Zusammenhang mit den übrigen mineralischen (auch festen) Rohstoffen betrachten.

BROD & FROLOW zählen die geologischen Besonderheiten bei Erdgas und Erdöl auf. Daraus ziehen sie jedoch nicht die Schlußfolgerung, den für die übrigen Rohstoffe gültigen Begriff Lagerstätte durch Erdölfeld zu ersetzen, sondern sie geben die o. a. Erläuterung zu diesem Begriff. Zu allem Überfluß formulieren die Autoren kurz darauf auf der gleichen Seite noch folgende Definition:

„Das Verbreitungsgebiet einer oder mehrerer Lagerstätten, die durch gemeinsame geographisch-ökonomische Verhältnisse (wörtlich: Bedingungen) für ihre Erkundung und Nutzung miteinander verbunden sind, heißt erdöl-erdgas-führende Fläche" (S. 7).

Dies ist ein Begriff, der offensichtlich ebenfalls einer bestimmten Auffassung des deutschen Begriffs „Erdölfeld" recht nahekommt.

MEINHOLD (1961) versteht unter Erdölfeld keine geologische, sondern eine wirtschaftliche Einheit, die sowohl einen Teil einer Lagerstätte als auch mehrere Lagerstätten umfassen kann. (In diesem Sinne wird Erdölfeld auch in Westdeutschland oft angewendet.)

Aus diesen Darlegungen kann gefolgert werden, daß der Begriff „Erdölfeld" zur freien Verwendung stehen oder im Sinne der zitierten „erdöl-erdgas-führenden Fläche" (BROD & FROLOW), die sich u. E. mit der MEINHOLDschen Auffassung deckt, verwendet werden sollte, der WEGERTsche Vorschlag jedoch abzulehnen ist.

[2]) mestoroshdenje heißt buchstäblich: Geburtsort (F. ST.)

5. Folgerungen für die Anwendung anderer Fachausdrücke

Es muß darauf hingewiesen werden, daß einige in der Praxis bei uns übliche Ableitungen von den diskutierten Begriffen unexakt sind.

a) Lagerstättendruck[3]). Sehr selten wird es für eine Lagerstätte einen Druck geben, wenn sie nicht aus einem Lager besteht. Gemeint ist in der Praxis stets der Druck eines Lagers oder einer erdöl-erdgasführenden Schicht. In der sowjetischen Fachliteratur wird ausschließlich vom Druck der Schicht (plast) gesprochen. Bei uns wurden Einwendungen gegen die Bezeichnung „Schichtendruck" erhoben, weil sie mißverstanden werden könnte (gebirgsmechanischer Druck der Schichten). Trotz dieses Einwandes möchte Verf. für die Anwendung des Begriffes Schichtdruck plädieren.

b) Lagerstättenregime. Gemeint ist in jedem Falle die Quelle der Energie, die in einer erdölführenden Schicht oder einem Lager das Erdöl zur Sonde treibt. Sie kann in einer Lagerstätte für verschiedene Lager unterschiedlicher Natur sein. Bereits 1933 hat übrigens M. A. SHDANOW (1962) auf Grund seiner Untersuchungen über das Regime des Erdöllagers C_2 der Apscheron-Lagerstätte während einer Konferenz in Baku nachgewiesen, daß eine erdölführende Schicht kein einheitliches Regime besitzen muß!

Es ist zu bedauern, daß für Regime bisher kein besserer deutscher Ausdruck gefunden werden konnte. Wenn man sich damit abfinden muß, so steht andererseits fest, daß nur von einem Regime der Schicht oder des Lagers gesprochen werden kann.

c) Vorratsberechnungen für ein Feld. Vorräte werden stets für eine Lagerstätte, und zwar getrennt für jedes Lager, berechnet. Die Umrisse der Erdöl- oder Erdgasführung der einzelnen Lager stimmen in der Regel bei übereinander liegenden Lagern nie überein. Der Ausdruck „Feld" ist hier also gar nicht am Platze. Es ist bemerkenswert, daß in den einschlägigen sowjetischen Fachbüchern über die Vorratsberechnung von Erdöl und Erdgas der Ausdruck Feld überhaupt nicht auftaucht und ausschließlich mit dem — nach Meinung mancher unserer Erdölgeologen — „ungeologischen" Begriff Fläche gearbeitet wird.

[3]) Analog: Lagerstättentemperatur

6. Schlußfolgerungen und abschließende Bemerkung

Verf. ist bewußt nur auf die Begriffe eingegangen, die für die Vorratsberechnung, geologische Berichterstattung usw. Bedeutung haben. Insbesondere hat er auch nicht zu der Klassifizierung der Lager und Lagerstätten Stellung genommen, die den Hauptplatz in der WEGERTschen Arbeit einnimmt.

Er schlägt vor, die Begriffe Lager und Lagerstätte in der bisherigen Weise zu verwenden und ihre Umdeutung durch WEGERT — weil unrichtig und unbegründet — abzulehnen.

Zusammenfassung

Verf. versucht, die durch die Arbeit von WEGERT entstandene Verwirrung bei der Anwendung einiger erdölgeologischer Begriffe auszumerzen, indem er den Wortlaut der gültigen sowjetischen Definitionen zugrunde legt und diese mit den im Deutschen gebräuchlichen Ausdrücken koordiniert.

Резюме

Автор пытается устранить создавшуюся статьей ВЕГЕРТА путаницу при применении некоторых понятий нефтяной геологии, кладя в основу дословный текст действующих советских определений и согласовывая их с принятыми в немецком словоупотреблении выражениями.

Summary

An attempt is made by the author to wipe out confusion caused by WEGERT's paper when applying some terms connected with petroleum geology. This is achieved by working on the basis of the valid Soviet definitions and coordinating them with the terms used in German.

Literatur

BROD, I. O. & E. F. FROLOW: Das Aufsuchen und die Erkundung von Erdöl- und Erdgaslagerstätten. — Moskau 1957 (russisch).
BROD, I. O. & N. A. JEREMENKO: Grundlagen der Erdöl- und Erdgasgeologie. — Moskau 1957 (russisch).
JEREMENKO, N. A.: (Redaktion) Erdölgeologie, Bd. I. — Moskau 1960 (russisch).
MEINHOLD, R.: Zur erdölgeologischen Terminologie. — Z. angew. Geol., H. 10, 1961.
SHDANOW, M. A.: Erdöl-Erdgas-Geologie für den Betriebsgeologen (Neftjegasopromyslowaja geologija). — Moskau 1962 (russisch).
WEGERT, F.: Zur Definition und Klassifizierung einiger erdölgeologischer Begriffe. — Z. angew. Geol., H. 2, 1961.

Geologie im Fernstudium?[1])

KURD v. BÜLOW, Rostock

Mit diesem Beitrag setzen wir die in Heft 2/1962 begonnene Aussprache zu diesem Thema fort. Die Redaktion der Zeitschrift wird ihren Standpunkt, der nicht in allen Punkten mit dem der Diskussionsteilnehmer übereinstimmt, in einem der folgenden Hefte formulieren.

Bereits der Beginn der Diskussion zum Fragenkomplex „Geologie und Fernstudium" zeigt, daß Mißverständnisse unausbleiblich sind, wenn von den Gesprächspartnern gleiche Ausdrücke nicht auch im gleichen Sinne gebraucht werden. Er zeigt ferner, wie es so oft der Fall ist, daß trotz weitgehender grundsätzlicher Übereinstimmung, wie sie zwischen HOHL und WAMSER besteht, für den flüchtigen Leser der Eindruck vom Vorhandensein prinzipieller Gegensätze aufkommt. Das trifft nicht nur für den unbeteiligten Leser, sondern auch für die Diskutierenden selbst zu. Das sind jedoch zweitrangige Mängel, die sich leicht ausräumen lassen.

[1]) Eingang des Manuskripts in der Redaktion 29. 3. 1962

Gewichtiger hingegen und tieferreichend ist der Umstand, daß vermeintlich eindeutige Grundbegriffe, die der Definierung nicht zu bedürfen scheinen, undefiniert bleiben und damit eine Diskussion von vornherein des Inhalts berauben. Im vorliegenden Falle sind es die Fundamentalbegriffe „Wissenschaft" bzw. „Wissenschaftler" und „Praxis".

Ich will versuchen, zur Klärung dieser beiden Begriffe beizutragen, von denen die weitere Diskussion abhängt:

Wissenschaft kann nicht gelernt, sondern nur gelebt werden; ebenso wie „Kultur" gelebt wird, nicht gelernt. Wissenschaftler ist nicht ein Mann mit wissenschaftlichen Kenntnissen allein, sondern einer, der Kenntnisse zu benutzen vermag, aus ihnen ein eignes Bauwerk zu errichten. Ein alter Handwerksspruch besagt:

Lehrling ist jedermann,
Geselle ist, wer etwas kann,
Meister ist, wer was ersann.

Der Wissenschaftler ist ewiger Lehrling und Meister zugleich. Die Aufgabe der Hochschule, speziell der Universität, ist es nicht, Wissen als Selbstzweck zu vermitteln, sondern dem künftigen Meister mit dem Wissen die Bausteine zur Ausführung eigner Entwürfe an die Hand zu geben. Sie soll nicht „Wissen" lehren, sondern „Können". Sie soll ihn instand setzen, selbst Probleme zu sehen und zu analysieren, um aus dieser Erkenntnis Aufgaben für sich selber (oder andere) abzuleiten und Wege zu ihrer Lösung aufzusuchen. Nur wer dies kann, sollte den akademischen Grad eines Diplomgeologen führen dürfen. Der Umfang des Wissens, über das er verfügt, ist weit weniger entscheidend als der Grad seines Könnens.

Nun zum Begriff Praxis. Wir fassen diesen Begriff im allgemeinen viel zu eng. Praxis ist für den Geologen nicht nur Prospektierung und Erdölgeologie, nicht nur Ingenieur- und Bodengeologie, Tiefbohrtechnik und Kartierung. Nein, Praxis ist: Stratigraphie und Tektonik, Mineralogie und Paläontologie, Kartenzeichnen und Kenntnis von Sprachen, einschließlich der deutschen. Denn dies alles und manches andere, das „unpraktisch" oder zweckfrei scheint, ist die Grundlage, die unerläßliche Voraussetzung für die Ausübung der Praxis. Wer in Stratigraphie, Sedimentpetrologie, Tektonik und Paläontologie zu Hause ist, wird in kurzer Zeit auch „Erdölgeologe" werden können, wenn die Umstände es erfordern; wem die Allgemeine Geologie nicht fremd ist und die regionale Petrographie, der hat es nicht weit zum „Ingenieurgeologen". Wer die Grundlagen der praktischen Ausübung beherrscht, der ist jeder Aufgabe gewachsen, die an ihn als Geologen herantreten kann. Nicht aber umgekehrt: Wer weiß denn heute, wie lange es noch dauern wird, bis die Ingenieurgeologie als Geotechnik ganz in die Hände der Techniker übergegangen sein wird; wer, wann die Bodengeologie von den Landwirten — ganz ohne die Geologen — gehandhabt werden wird, wer auch, ob die Erdölgeologie in einigen Jahrzehnten noch immer die zentrale Stellung innerhalb der „Praxis" behaupten wird? Wer will sich vermessen, zu sagen, welcherart Aufgaben vor dem Geologen in zwei, drei, vier Jahrzehnten stehen werden? Und wer wird sie dann lösen können? Derjenige, der Spezialist auf einem engen Gebiet ist, oder derjenige, der über eine breite, wirklich wissenschaftliche Basis verfügt?

Wir dienen nicht nur der Gegenwart, sondern auch und bei der Ausbildung des Nachwuchses gerade der Zukunft. Wir sollen und wollen dazu beitragen, „die Mühseligkeiten der menschlichen Existenz zu erleichtern", d. h. die Lebensgrundlagen der Menschheit, insonderheit unseres Volkes, zu sichern und nach Möglichkeit zu verbessern. Das aber ist ausschließlich auf einer Basis möglich, die jeden Wissenschaftler in den Stand setzt, auch unvorhergesehenen, da vielfach unvorhersehbaren Aufgaben gewachsen zu sein. In diesem Sinne ist eine breite und tragfähige, theoretische Ausbildung zum Wissenschaftler die Voraussetzung für jede Art „Praxis". Somit ist jeder Wissenschaftler, in unserem Fall der an der Hochschule gebildete und ausgebildete Diplomgeologe auch Praktiker oder er wird es in kurzer Zeit bei der praktischen Tätigkeit, sei es in der Forschungsarbeit, sei es in Industrie, Verwaltung oder in staatlichen geologischen Betrieben.

Zusammengefaßt ergibt sich: Unser heutiges Denken kreist viel zu viel um das „Wissen" und den Wissensstoff, anstatt das „Können" anzustreben. Zudem ist unser Denken, auch an der Hochschule, viel zu sehr auf die „Praxis" im engsten Sinne ausgerichtet. Beides aber führt in der Konsequenz zur Aushöhlung des Sinnes der Hochschule und weiterhin zur Senkung der Qualität des wissenschaftlichen Nachwuchses, den die Hochschulen der Praxis zur Verfügung stellen.

Mit diesen grundsätzlichen Überlegungen sind die Diskussionsbeiträge HOHL und WAMSER in Heft 2 des laufenden Jahrganges dieser Zeitschrift bereits zu einem guten Teil beantwortet, so daß ich nur noch einiges herauszugreifen brauche. Ich stimme dem Kollegen Prof. Dr. HOHL in folgenden Punkten zu:

1. Selbst im Rahmen des Direktstudiums reichen die heute möglichen Exkursionen, Geländepraktika usw. nicht für ein immer befriedigendes Abschlußergebnis aus, geschweige denn im etwaigen reinen Fernstudium.

2. Die Hochschule ist weder dazu bestimmt, noch in der Lage, Spezialisten zu schaffen.

3. Für besonders Begabte, in der Praxis des Berufs Geschulte und Bewährte kommt ein kombiniertes Studium zweifellos in Betracht — als individuelle Ausnahme, nicht als generelle Regel. Aber: der genannte Personenkreis hat auch bisher schon den Weg zum Diplom, den Weg vom Diplom zum Doktor gefunden.

4. Besser als ein kombiniertes (wie?) Fernstudium wäre jedoch in solchen Fällen ein verkürztes Direktstudium, wie auch HOHL meint.

5. Vollinhaltlich stimme ich HOHL auch darin zu, daß wir keineswegs wesentlich mehr Diplomgeologen brauchen, wenn wir sie nur in Zukunft qualitativ heben (wozu allerdings auch eine Reform des Zulassungsverfahrens an den Universitäten Voraussetzung wäre); wohl aber werden Geologie-Ingenieure und Geologie-Techniker noch lange in steigendem Maße erforderlich sein (allerdings wäre zu prüfen, ob deren bisherige Ausbildung nicht zu stark mit „Wissen" belastet ist).

Der Diplomgeologe (Wissenschaftler) soll Probleme erkennen und Aufgaben zu stellen in der Lage sein, soll also eine leitende und anleitende Funktion ausüben. Dem Ingenieur obliegt die operative Aus- und Durchführung. „Daß sich das größte Werk vollende, genügt ein Kopf für tausend Hände." Auf wieviel Ingenieure soll ein Wissenschaftler entfallen? Doch wohl so viele, wie der Diplomgeologe durch seine Aufgabenstellung auszulasten vermag. Dieses Verhältnis ist noch bei weitem nicht erreicht. Statt dessen wird mancher Diplomgeologe in Tätigkeiten eingesetzt, zu denen keine Hochschulausbildung und keine wissenschaftliche Bildung erforderlich wären.

Daß ich WAMSERs Forderung nicht gutheißen kann, die Ausbildung solle noch mehr als bisher auf die Praxis, ich nehme an, im engeren Sinne, ausgerichtet werden, ergibt sich aus dem Gesagten. (Auch der wissenschaftliche Beirat Geologie war seinerzeit keineswegs für

Einbau weiterer „praktischer" Fächer in den Studienplan; ebenso hat er das reine Fernstudium abgelehnt, nicht nur als „Normalfall", sondern grundsätzlich.)

Zudem glaube ich, daß sich Kollege WAMSER selbst widerspricht, wenn er im ersten Absatz seines Beitrages die „erhöhten Anforderungen" erwähnt, die an den Geologen gestellt werden müssen, im zweiten Absatz aber eine Einengung des Hochschulstudiums durch ebendiese stärkere Betonung der Praxis befürwortet. Beides schließt sich gegenseitig zwar nicht völlig, doch weitgehend aus. Die Feststellung, daß Externe im wesentlichen auf sich selbst gestellt seien, möchte ich dahin einschränken, daß das in der Regel nicht der Fall ist: Der Externe arbeitet ja i. allg. im Rahmen eines Betriebskollektivs und hat außerdem die — heute schon oft benutzte — Möglichkeit, seinen künftigen „Diplomvater" zu konsultieren, auch wohl Vorlesungen zu hören und an Kolloquien teilzunehmen. Das heißt aber nichts anderes, als daß er ein „Kombiniertes Fernstudium" betreibt. Ein kombiniertes Studium im Sinne von WAMSER aber ist schwer durchzuführen: Wie soll z. B. ein berufstätiger Geologe an großen Exkursionen, an Institutspraktika u. dgl. teilnehmen können? Gewiß, oftmals wird er beides nicht mehr nötig haben. Aber vielfach ist es doch so, daß ein Geologie-Ingenieur, der sich zum Studium mit dem Ziel des Diploms entschließt, durch seine berufliche Tätigkeit auf spezielle Arbeitsgebiete, oft nur auf ein einziges, eingestellt ist. Er wird erhebliche Schwierigkeiten haben, sich zum wissenschaftlich gebildeten Diplomgeologen, also zum Allround-Geologen im obigen Sinne, zu entwickeln, d. h., er wird eine Menge nachholen müssen. In erster Linie gehören dazu neben den naturwissenschaftlichen Grundfächern, wie Chemie, Physik, Zoologie usw., auch Exkursionen, Kartierübungen u. a., Veranstaltungen, die seinen Horizont erweitern. Eine Eintagsexkursion kann gewichtiger sein als eine Woche Vorlesungen! Ob diesen Forderungen durch ein nebenberufliches, kombiniertes Studium im Sinne WAMSERs genügt werden kann, erscheint zweifelhaft.

Besonders zum Nachdenken regt der drittletzte Absatz im Beitrag WAMSERs an: Dort wird ein Gegensatz zwischen Wissenschaftler und Diplomgeologe hergestellt, aber vom Diplomgeologen werden gleichzeitig wissenschaftliche Kenntnisse sowie die Fähigkeit, geologische Arbeit erfolgreich leiten zu können, gefordert. Ich meine somit, daß „Wissenschaftler" und „Diplomgeologe" in dieser Hinsicht völlig identisch sind. Allerdings scheint sich bei WAMSER aus dem folgenden Satz zu ergeben, daß unter Wissenschaftlern eigentlich Forschernaturen verstanden werden, die „diesen speziellen Weg durch persönliche Neigung und Eignung beschreiten wollen", und zwar entweder „in der Hochschullaufbahn oder im Betrieb". Gewiß, echte Forschernaturen finden ihren Weg unter allen Umständen, auch inmitten beruflicher Routinearbeit.

Obwohl die Hochschullaufbahn hier nicht zur Debatte steht, noch ein Wort dazu: Die Hochschullaufbahn sollte nur den echten „Forschernaturen" offenstehen. Die Grundlagen der deutschen Hochschule sind Forschung und Lehre, wobei die Forschung die fruchtbare Basis der Lehrtätigkeit ist. Wie soll eine Nachwuchskraft, die erst während der Hochschullaufbahn ihre Eignung zu wissenschaftlicher Forschung dartut, schon vor Antritt dieser Laufbahn als solche erkannt werden? Doch kaum je an ihrer Diplomleistung, sondern nur durch den Erwerb eines gut begründeten Doktorgrades. Danach erst kann die Entscheidung fallen, ob der Geologe überhaupt für die Hochschullaufbahn in Betracht kommt. Es ist ein weiter Weg vom Diplom zu dem qualitativ anders zu bewertenden Doktorgrad, ein noch weiterer zu dem auf einer wiederum anderen Ebene liegenden Grade eines habilitierten Doktors. Beides hat mit der hier angeschnittenen Frage der Studiengestaltung unmittelbar nichts mehr zu tun.

Als Fazit möchte ich feststellen: Nach meiner Ansicht kommt ein reines Fernstudium keinesfalls in Frage; ein kombiniertes Studium hat mit so vielen Schwierigkeiten zu rechnen, daß der ökonomische und Ausbildungseffekt nur selten und nicht wesentlich häufiger als bisher schon bei Externen erreicht werden dürfte. Im verkürzten, zusätzlichen Direktstudium sehe ich die einzige sinnvolle Lösung.

Immerhin ist damit eine gewisse Übereinstimmung zwischen HOHLS, WAMSERs und meiner Auffassung hergestellt: Alle drei Gesprächspartner stimmen für ein kombiniertes Fernstudium; HOHL und ich allerdings unter der Voraussetzung, daß ein zusätzliches Direktstudium nicht realisierbar erscheint, während WAMSER letzteres aus vorwiegend ökonomischen Erwägungen heraus ablehnt und im kombinierten Fernstudium die einzig zweckmäßige Lösung sieht.

HOWARD A. SLACK & CAREL OTTE

Interpretation elektrischer Bohrlochmessungen zum Aufsuchen stratigraphischer Fallen[1]

Referiert von DIETER OSSWALD, Gotha

Auf Grund der konventionellen elektrischen Widerstandsmessungen in tonigen Sanden können zwei Größen berechnet werden, welche brauchbare und zuverlässige Informationen über das Speichergestein und den Lagerstätteninhalt geben. Das sind Tonfaktor und Sättigungsverhältnis. Der Tonfaktor wird von den Autoren als wesentliches Merkmal für den Abgabekoeffizienten eines Speichers betrachtet und bildet die Grundlage zur Zeichnung von Lithofazieskarten. Der Sättigungsquotient ist das Verhältnis der Sättigung an Spülungsflüssigkeit der infiltrierten Zone zu der Porenwassersättigung der nichtinfiltrierten Zone. Die Größe dieses Quotienten ist abhängig von der Menge der verdrängbaren Kohlenwasserstoffe des Speichers. Bestimmte Werte dieser Größen sind verbunden a) mit Schichten, welche leicht ihren Inhalt abgeben, b) mit Schichten, welche erst nach Stimulation wirtschaftlich produktiv werden, und c) mit Schichten, welche Wasser mit Kohlenwasserstoffen produzieren.

[1]) Originaltitel: Electric Log Interpretation in Exploring for Stratigraphic Traps in Shaly Sands
Aus: „Bull. Am. Ass. Petrol. Geol.", Vol. 44, Nr. 12, S. 1874–1894, 1961.
Übers.: DIETER OSSWALD.

Es wurde ein besonderes Kriterium als einfache Funktion des Tonfaktors und des Sättigungsquotienten entwickelt. Dieses Kriterium ist die zahlenmäßige Einschätzung der Produktionsfähigkeit eines Speichers und basiert auf den durch elektrische Widerstandsmessungen erhaltenen Ergebnissen. Die Anwendung dieses Kriteriums wird anhand eines Diagramms graphisch dargestellt. Stratigraphische Fallen werden durch seitlichen Wechsel von Nutzporosität und Permeabilität gebildet, welcher gewöhnlich mit wechselnder Gesteinsstruktur verbunden ist und sowohl in karbonatischen Gesteinen als auch in sandig-tonigen Gesteinen und Sandsteinen vorkommt. Diese Arbeit beschäftigt sich speziell mit Fallen in sandig-tonigen Gesteinen.

Die Autoren bearbeiteten eine Reihe von tonigen Sanden verschiedener Vorkommen in Oklahoma und Texas. Im allgemeinen wurde jede Schicht als eine spezielle Einheit für die Beschreibung der Ergebnisse betrachtet, indem man das Intervall als homogen interpretiert und deshalb die Durchschnittswerte der Eigenpotentialmessung und der scheinbaren Widerstände verwendet. In einigen Fällen jedoch wurden einzelne Zonen innerhalb eines interessierenden Intervalls besonders gekennzeichnet.

Der Tonfaktor wird aus der Eigenpotentialmessung, den Schichtwasser- und Spülungsfiltratwiderständen und der Schichttemperatur, der Sättigungsquotient aus dem Eigenpotential, dem Tonfaktor und der Größe der Widerstände der infiltrierten und nichtinfiltrierten Zone berechnet. Die Autoren nahmen die Arbeit von DE WITTE (1955) für die Berechnung der beiden Größen als Grundlage für ihre theoretische Untermauerung der Interpretation der Eigenpotential- und Widerstandsmessungen. Beide Messungen sind direkt abhängig von den in das Wasser einer durchbohrten Schicht eingebrachten Ionen. In porösen Gesteinen vorhandenes toniges Material enthält elektrolytische Lösungen, welche den Ionenaustausch stark beeinflussen. DE WITTE zeigte, ausgehend von theoretischen Erwägungen, daß in wasserführenden tonigen Sanden die statische elektrochemische Komponente des Eigenpotentials gegeben ist durch

$$SP_s = -K_t \log \frac{m_r + 2{,}15\, m_w}{m_r + 2{,}15\, m_{mf}} \qquad (1)$$

Hierbei ist K eine Konstante, die nur von der Temperatur abhängig ist, m_r ist die Konzentration negativer Oberflächenladungen im Gesteinsgerüst, m_w die Molarität des Schichtwassers und m_{mf} die Molarität des Spülungsfiltrates.

Wegen der Tatsache, daß die negativen Oberflächenladungen zum größten Teil aus den in den Poren dispergierten Tonteilchen resultieren, kann der Tonfaktor berechnet werden.

Für eine reine Sandschicht reduziert sich die Gleichung auf

$$SP_s = -K_t \log \frac{m_w}{m_{mf}} \; (m_r = 0) \qquad (2)$$

und da die Molaritäten proportional den Aktivitäten und umgekehrt proportional den Widerständen sind, ergibt sich daraus die allgemein bekannte Formel

$$SP_s = -K_t \log \frac{R_{mf}}{R_w} \qquad (3)$$

(R_{mf} = Widerstand des Spülungsfiltrates, R_w = Widerstand des Schichtwassers).

In einer ölführenden Schicht tonigen Sandes wächst die Konzentration der negativen Oberflächenladungen um den Faktor $1/S_w$ an, hierbei ist S_w die Schichtwassersättigung. Für eine solche Schicht, in der die Lösungen der nichtinfiltrierten Zone mit dem infiltrierten Spülungsfiltrat im Gleichgewicht stehen, ergibt sich für

$$SP_s = -K_t \log \frac{m_r/S_w + 2{,}15\, m_w}{m_r/S_w + 2{,}15\, m_{mf}} \qquad (4)$$

Hierbei sind m_r und S_w Unbekannte. Damit die Gleichung lösbar wird, wird das Verhältnis $\frac{m_r}{S_w}$ als Unbekannte betrachtet, und dessen errechneter Wert ist ein Maß für den Tongehalt der entsprechenden Schicht und wird mit m_s bezeichnet. m_w und m_{mf} werden aus den entsprechenden Widerständen R_w und R_{mf} errechnet (Gl. 3).

DE WITTE leitete theoretisch die Beziehung zwischen dem wahren Schichtwiderstand R_x, der Konzentration negativer Oberflächenladungen und der Schichtwassersättigung ab. Diese Gleichung lautet

$$SP_s = -K_t \left\{ \log R_{xo}/R_t + \log S_{wi}/S_w + \log \frac{m_r/S_w + 2{,}15\,(S_{wi}/S_w)\, m_{mf}}{m_r/S_w + 2{,}15\, m_{mf}} \right\} \qquad (5)$$

R_{xo} ist hier der Widerstand der vollständig mit Spülungsfiltrat gesättigten Schicht in Bohrlochnähe, und S_w ist die Spülungsfiltratsättigung der infiltrierten Zone, als Teil des Porenvolumens ausgedrückt. S_{wi}/S_w ist der Sättigungsquotient.

Diese Gleichung hat wieder zwei Unbekannte, die sich aus den elektrischen Messungen nicht direkt ableiten lassen, nämlich S_{wi} und S_w, vorausgesetzt, daß wir $\frac{m^r}{S_w} = m_s$ bereits bekommen haben. Sie wird deshalb nach $\frac{S_{wi}}{S_w}$ gelöst.

m_{mf} ist errechenbar aus der Salzkonzentration des Spülungsfiltrates, R_{xo} aus Mikrolog oder kurzer Normale, wenn man R_i (mittlerer Widerstand der infiltrierten Zone) und die dafür vorgesehenen Korrekturdiagramme verwendet. R_t bekommt man mit den Methoden großer Eindringtiefe (lange Normale, Laterale, Induktionslog usw.), wobei wie üblich die Unsicherheit aus der Unkenntnis der Tiefe der Invasionszone eingeht. Es wird deshalb empfohlen, die Werte für d_i (Tiefe der Invasionszone) mit einem minimalen (1,5mal Bohrlochdurchmesser) und einem maximalen (12mal Bohrlochdurchmesser) Betrag einzusetzen und daraus eine obere und eine untere Grenze für R_t und damit für S_{wi}/S_w zu ermitteln. Da die Rechnungen mühsam sind, werden sie am besten mit elektronischen Maschinen durchgeführt.

In einem besonderen Abschnitt gehen die Autoren auf einen Vergleich zwischen dem Tonfaktor, der durch elektrische Messungen erhalten wurde, und der Kationenaustauschkapazität toniger Sande ein. Die Übereinstimmung der durch elektrische Widerstandsmessungen erhaltenen Ergebnisse mit denen der Messung der Kationenaustauschkapazität ist gut, besonders für Gesteinspartien, welche wenig Tone enthalten.

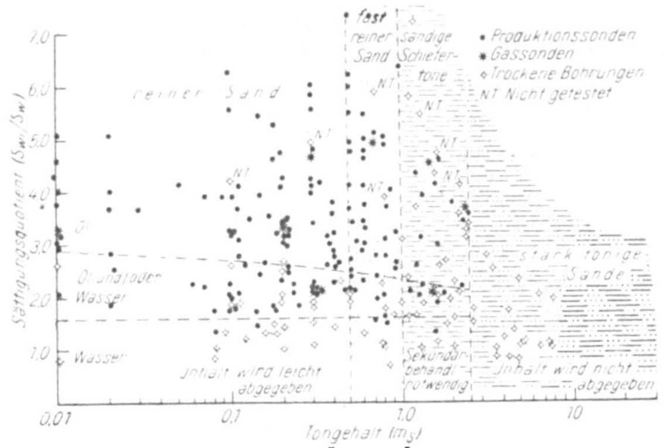

Abb. Produktionsdiagramm. Darstellung der Sättigungsquotienten in Abhängigkeit von dem Tonfaktor von über 250 Bohrungen. Der Tonfaktor ist sowohl ein petrographischer Meßwert als auch ein Maßstab der Fähigkeit eines Speichers, seinen Lagerstätteninhalt abzugeben. Der Sättigungsquotient bestimmt die Art des Lagerstätteninhalts, welcher gefördert wird.

Ein Vergleich zwischen Förderleistung und dem Wert m_s ergibt eine empirische Abhängigkeit (Abb.). Die Autoren untergliedern in vier Kategorien:

$m_s = 0{,}0-0{,}5$ reiner Sand } geben ihren Inhalt
$m_s = 0{,}5-1{,}0$ fast reiner Sand } leicht ab;
$m_s = 1{,}0-2{,}5$ tonige Sande, werden erst nach Stimulation wirtschaftlich produktiv (Sandfrac usw.);
$m_s = >2{,}5$ stark tonige Sande, geben ihren Inhalt nicht ab.

Innerhalb eines Produktionsfeldes haben die meisten Sonden Werte unter 1,0.

Nach der gleichen Klassifikation wurden in der Arbeit Diagramme für drei verschiedene Produktionsfelder gezeichnet.

Ein Vergleich zwischen Ölförderung und Sättigungsquotienten ist ebenfalls empirisch zu ermitteln (Abb.). Er ergibt:

1. Ein Wert von $S_{wi}/S_w = 1{,}6$ scheidet Sonden, die nur Wasser fördern, von denen, die Öl und Wasser produzieren.

2. Ein Wert für $S_{wi}/S_w = 2{,}8$ für sehr reine Sande oder $S_{wi}/S_w = 2{,}1$ für tonige Sande scheidet Wasser und Öl produzierende Sonden von reinen Ölsonden.

Öl wird hier im Sinne von Gesamtkohlenwasserstoffen gebraucht. Viele in der Figur als trocken angegebene Bohrungen gelten im ökonomischen Sinne als effektiv trocken.

Mit den Werten m_s und S_{wi}/S_w lassen sich nun Karten gleicher Werte herstellen, die, mit Isopachenkarten kombiniert, ein ausgezeichnetes Mittel darstellen, um die gesteinsphysikalischen Änderungen und damit die der Speichereigenschaften für bestimmte Schichtglieder darzustellen und lithologische Fallen aufzufinden. Die Beurteilung der Werte m_s und S_{wi}/S_w in ihrer Bedeutung für die Höffigkeit läßt sich noch vereinfachen durch die Einführung eines Höffigkeitskriteriums F.

$$F = \frac{1}{9{,}9\,(x^2/3{,}5 + y^2)}$$

$$x = 0{,}42\,\frac{S_w}{S_{wi}} + 0{,}91\,\frac{m_s}{1 + m_s}$$

$$y = 0{,}91\,\frac{S_w}{S_{wi}} - 0{,}42\,\frac{m_s}{1 + m_s}$$

Werte für F größer als 1 sind die höffigsten Zonen mit Aussicht auf gute Produktion; Werte zwischen 0,4 bis 1 bezeichnen gute bis mäßige Zonen, die z. T. Stimulation benötigen.

Die Arbeit enthält insgesamt 13 Diagramme.

Bestimmung der Alkalien und besonders kleiner Lithiumgehalte in Gesteinen[1]

ERIKA WOHLMANN & WOLFGANG HÖDT, Berlin

(Mitteilung aus dem Zentralen Geologischen Institut der Staatlichen Geologischen Kommission, Berlin)

1. Einleitung

Bei der Analyse von Hornfelsen war die Bestimmung von Natrium, Kalium und Lithium neben der Bestimmung von Bor, Fluor und Phosphor erforderlich. Die Voranalyse einer Probe ergab extreme Alkaliverhältnisse: etwa 8% K_2O, 0,6% Na_2O und einige Hundertstel Prozent Li_2O. Um diese geringen Mengen Li_2O genau bestimmen zu können, sollte zunächst die übliche Einwaage für den Aufschluß nach SMITH bei der Anwendung des Kurzverfahrens (E. WOHLMANN 1962) von 0,5 auf 1 g erhöht werden.

Da die Lithiumbestimmung von Störelementen, besonders von Calcium, beeinflußt wird, sollte ferner eine möglichst reine Lithiumlösung, die gleichzeitig an Lithium angereichert ist, flammenphotometrisch untersucht werden.

Auf Grund früherer bei der Analyse von Zinnwalditen gemachter Erfahrungen war es zweifelhaft, ob Lithiumgehalte von 0,03 bis 0,005% Li_2O nach dem Kurzverfahren genau genug zu bestimmen sein würden. Deshalb wurden gleichlaufend mit den normalen Bestimmungen aus den Alkalihauptfiltraten Trennungen über den Kationenaustauscher Wofatit KPS 200 vorgenommen (A. PALMBERG 1960), wodurch man Lithium rein und außerdem angereichert erhält.

Die ersten nach beiden Verfahren durchgeführten Analysen stimmten gut überein, was beweist, daß durch die Reaktionen im Analysengang des Kurzverfahrens die Störungen für Lithium ausgeschaltet werden. Um zu genauen Lithiumwerten zu gelangen, ist es also nicht erforderlich, Lithium über einen Kationenaustauscher abzutrennen. Voraussetzung für diese genauen Werte ist eine der Analysenlösung entsprechende Zusammensetzung der Eichlösungen.

[1]) Eingang des Manuskripts in der Redaktion: 19. 4. 1962

2. Ausführung

2.1 Der Aufschluß und die Gewinnung des Hauptfiltrats

Der Aufschluß nach L. SMITH mit 1 g Substanz erfolgte mit 1 g NH_4Cl und 8 g $CaCO_3$ in Nickeltiegeln. Der Aufschluß und der weitere Analysengang wurden bereits von E. WOHLMANN (1962) beschrieben. Eine Blindanalyse durchläuft den gesamten Analysengang wie eine Probe. Die Lösung mit den Alkalien Calciumoxalat, Magnesiumchlorid und Magnesiumoxalat, das sogenannte Hauptfiltrat der Alkalien, gelangt nach Filtration ohne Konzentrationsänderung zur flammenphotometrischen Bestimmung.

2.2 Vorbereitung der Lösung für die Lithiumtrennung mit dem Wofatit KPS 200

Vom Hauptfiltrat der Alkalien wurden 400 ml entnommen und in Silber- oder Platintiegeln oder Jenaer-Glas-Schalen zur Trockne gedampft. Unter Zusatz von 5 ml 0,1 m HCl wird der Trockenrückstand in 20 ml Wasser gelöst und auf die vorbereitete Säule, wie sie A. PALMBERG benutzt hat, gegeben.

2.3 Die Austauschersäule und ihre Vorbereitung nach PALMBERG

Als Säule dient eine Bürette zu 50 ml, in der sich über einem Glaswollepfropf der ausgesiebte Wofatit KPS 200 (Korndurchmesser 0,2—0,3 mm) in der H-Form 45 cm hoch befindet.

Die Siebfraktion wird vor dem Füllen der Säule durch Waschen mit 3 m HCl von Verunreinigungen befreit und mit Wasser neutral gewaschen. Nach dem Einfüllen des feuchten Harzes in die Bürette werden die Säulen mit Wasser bedeckt gehalten.

2.4 Die Trennung des Lithiums von Natrium, Kalium und Magnesium

Das in der Säule stehende Wasser wird bis zur Oberfläche der Harzschicht abgelassen. Danach gibt man die Analysenlösung auf und läßt diese einziehen.

Zunächst wird ein Vorlauf von 250 ml durch Waschen der Säule mit Wasser gewonnen, der frei von Lithium sein sollte. Anschließend wird mit 500 ml 0,1 m HCl eluiert. Der Vorlauf und das Eluat werden zur Trockne gedampft und mit 0,1 m HCl aufgefüllt, nachdem sie in 100-ml-Kölbchen filtriert worden sind. Die Lösungen müssen unbedingt trübungsfrei und frei von Harzkörnchen sein, da sonst Fehler bei der flammenphotometrischen Messung auftreten können.

2.5 Die flammenphotometrische Bestimmung der Alkalien

Die Endbestimmung der Alkalien wurde mit dem Flammenphotometer von Zeiß, Modell II, in bekannter Weise nach Einschaltung der zugehörigen Metallinterferenzfilter ausgeführt.

Die Auswertung des Lithiums erfolgte in den Hauptfiltraten nach einer Eichkurve, die mit Lithiumlösungen von 32 bis 1000 μg Li_2O, die gleichzeitig 6,2 mg Na_2O, 0,75 mg K_2O und einmal 300 mg MgO als Chlorid sowie 200 mg Oxalsäure anhydr. in 500 ml Auffüllung und ein andermal 600 mg MgO und 400 mg Oxalsäure anhydr. in 500 ml Auffüllung enthielten, aufgenommen wurde. Dabei zeigte sich, daß die Erhöhung des Magnesiumchlorid- und des Oxalsäurezusatzes keinen Einfluß auf den Verlauf der Eichkurve des Lithiums ausübt. Auch die Absorptionswerte für Natrium und Kalium werden davon nicht beeinflußt.

Gleichzeitig mit den Analysenreihen werden die Eichlösungen und die Blindanalyse gemessen. Der Blindgehalt wird vor der Ausrechnung abgesetzt. Die Eichkurven werden nach jeder Messung neu gezeichnet und danach ausgewertet.

Zur Auswertung der Lithium-haltigen Lösungen, die man nach der Trennung mit dem Wofatit KPS 200 erhält, werden Eichkurven mit Lithiumgehalten von 32 bis 1000 μg Li_2O in 0,1 n HCl aufgenommen, da die Analysenlösungen 0,1 n an HCl sind. Die Blindanalyse wird entsprechend durchgeführt und ausgewertet.

Für die Bestimmung des Kaliums wurden zunächst „Rohwerte" ermittelt und danach dann die notwendige Verdünnung festgelegt, um in das Konzentrationsoptimum für die Kaliumbestimmung zu gelangen. Es wurde 1:3 verdünnt, erneut gemessen und anhand der Kalium-Natrium-Eichkurve ausgewertet. Nach Abziehen des Blindwertes wird dann die Berechnung vorgenommen. Die „Kalium-Rohwerte" liegen etwas höher als die aus den verdünnten Lösungen bestimmten Werte, da bei der Auswertung der „Rohwerte" der maximal zulässige Meßbereich weit überschritten ist.

3. Ergebnisse

Der Vergleich der ersten Analysenergebnisse — Messung der Alkalien im Hauptfiltrat und Messung nach der Trennung mit dem Wofatit KPS 200 — zeigte, daß für die Bearbeitung der vorliegenden Proben ein unnötiger Zeit- und Arbeitsaufwand erforderlich gewesen wäre, hätte man die Trennung und Bestimmung des Lithiums unter Einsatz der Austauschersäulen fortgesetzt. Die gute Übereinstimmung zwischen der Bestimmung nach der Trennung des Lithiums über den Wofatit KPS 200 und der direkten Bestimmung aus dem Hauptfiltrat der Alkalien wird dadurch erreicht, daß mit dem Kurzverfahren zur Alkalibestimmung in Silikaten bereits die Hauptstörelemente Aluminium, Eisen und Mangan beim Aufschluß (J. LIEBIG & H. BREDEHORST 1961, M. WAIBEL 1961, J. A. VOINOVITCH & J. DĚBRA 1958) und Calcium durch Fällung als schwerlösliches Calciumoxalat ausgeschieden werden. Die Eichlösungen, die der dann verbleibenden Lösungszusammensetzung entsprechend angesetzt werden, schalten weitere mögliche Störeffekte aus. Die Eichkurven zeigen bei Wiederholungsmessungen leichte Veränderungen, besonders im Gebiet etwas höherer Alkaligehalte, so daß es wichtig ist, die Eichlösungen zusammen mit den Analysenlösungen zu messen.

Ein Vergleich der Eichkurven für die direkte Lithiumbestimmung aus dem Hauptfiltrat und die Lithiumbestimmung aus 0,1 n HCl-Lösung nach der Trennung mit dem Austauscher KPS 200 ergaben, daß für jeden Fall eine eigene Eichkurve entsprechender Zusammensetzung aufzustellen ist.

Literatur

LIEBIG, J. & H. BREDEHORST: Die Bestimmung von Lithium in silikatischen Mineralien (Zinnwalditkonzentrat) mittels Flammenphotometrie. — Anal. chim. Acta (Amsterdam), 23, S. 573, 1961.

PALMBERG, A.: Anwendung des Kationenaustauschers KPS 200 bei der Trennung großer Mengen Calcium und Kalium von Lithium nach dem LAWRENCE-SMITH-Aufschluß. — WTI, Nr. 3, S. 59, 1960.

VOINOVITCH, J. A. & J. DĚBRA: Bestimmung der Alkalien Lithium, Natrium und Kalium in den Silikaten mit Hilfe der Flammenphotometrie. — Bull. Soc. France de Céramique, 38, S. 77—86, 1958.

WAIBEL, M.: Die Schnellmethoden der Gesteinsanalyse (Bestimmung der Alkalien). — Schweiz. Min. petrogr. Mitt., 41, S. 285—294, 1961.

WOHLMANN, E.: Kurzverfahren zur Bestimmung der Alkalien in Silikaten. — Z. angew. Geol., 8, S. 91—93, 1962.

Der Südwestrand von Fennosarmatia[1]

WŁADISŁAW POŻARYSKI, Warszawa

Der außerordentliche Fortschritt in der geologischen Erforschung von Polen ermöglicht eine neue und genaue Darstellung der Geologie der Übergangszone zwischen dem SW-Teil von Europa mit seinen Faltenstrukturen und dem NE-Teil mit Tafelcharakter (Fennosarmatia). Folgende Detailkarten von Polen konnten entworfen werden: eine Gravimeterkarte 1:1000000 (A. DĄBROWSKI 1954) und eine magnetische Karte 1:1000000 (A. DĄBROWSKI und K. KARACZUN 1956).

Die magnetische Aufnahme hat eine seichte Lage magnetisch wirksamer Gesteine in NE-Polen erkennen lassen, die der Russischen Tafel angehören. Die Tiefenlage dieses Grundgebirges beträgt 0,3 bis 5 km. In SW-Polen, im Vorfeld dieser Tafel, übertrifft seine Tiefe 10 km. Es ließ sich auch ermitteln, daß entlang dem Rand der Tafel eine Staffel von 30 bis 90 km Breite verläuft, in der die magnetisch aktiven Gesteine in 5 bis 10 km Tiefe liegen. Über dieser Staffel wurde eine Synklinale entdeckt und als Randsynklinale der Russischen Tafel bezeichnet (W. POŻARYSKI 1956). Um die Struktur dieser Synklinale sicher zu erfassen, wurden zwei Querprofile reflexions- und refraktionsseismisch untersucht. Zugleich wurden Ergebnisse von Tastbohrungen herangezogen (Abb. 2 und 3). So hat man erkannt, daß sich die Randsynklinale in der Oberkreide entwickelt hat, gleichzeitig mit der Bildung des großen Mittelpolnischen Antiklinoriums. Dieses Antiklinorium entstand auf dem Boden eines tiefen und schmalen Sedimentationsbeckens, genannt die Dänisch-Polnische Senke, die den Rand des Baltischen Schildes und der Russischen Tafel unmittelbar begleitet. Das Antiklinorium wurde durch horizontale Bewegungen, die die Rinne zusammenpreßten, geschaffen. Darauf folgte eine leichte Überschiebung auf die Tafel entlang ihrem Rande (Abb. 5). Diese Überschiebung ist nur in Pommern und Südpolen deutlich ausgebildet, wo der kristalline Untergrund in geringer Tiefe liegt (Abb. 1).

Die Dänisch-Polnische Senke ist tektonisch einfach gebaut. In Dänemark bildet sie eine schön regelmäßige Synklinale. In Nordpolen ist fast ihre gesamte Weite

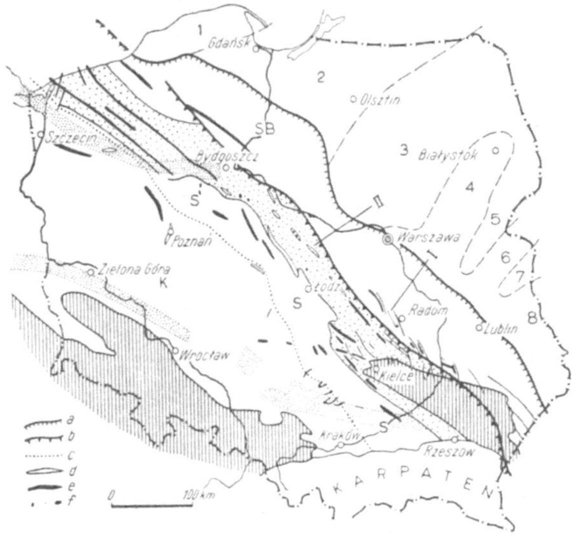

Abb. 1. Tektonische Skizze der Dänisch-Polnischen Senke

Weit punktiertes Gebiet — mittelpolnisches Antiklinorium, eng punktiertes Gebiet — mit dem Grundgebirge übereinstimmende magnetische Anomalien, vertikal liniertes Gebiet — Ausbisse paläozoischer und älterer Gesteine a — obere Grenze des Abhanges der kristallinen Tafel, b — untere Grenze des Abhanges der kristallinen Tafel, c — Südwestgrenze der Dänisch-Polnischen Senke, d — Antiklinalen mit negativen gravimetrischen Anomalien, e — Antiklinalen mit positiven gravimetrischen Anomalien, f — Salzdome

K — saxonisches Massiv, S — Mogilno—Łódź—Miechów-Synklinorium, SB — Randsynklinale

1 — Baltischer Schild, 2 — Peribaltische Syneklise, 3 — Masurische Hebung, 4 — Syneklise von Białystok, 5 — Rücken von Podlasie, 6 — Syneklise von Podlasie, 7 — Erhebung von Włodawa, 8 — Bug-Syneklise

I — Seismisches Profil im Gebiet von Radom, II — Seismisches Profil Żychlin-Płońsk

durch das Kujawisch-Pommersche Antiklinorium ausgefüllt. In Mittel- und Südpolen nimmt dieses Antiklinorium $^2/_3$ der Senke ein, indem es den Rand der Tafel oder, genauer gesagt, die Randsynklinale, die sich auf dem niedergedrückten Rand entwickelt hat, begrenzt. Entlang der SW-Seite des Antiklinoriums hat sich das Mogilno — Łódź — Miechów-Synklinorium ausgebildet.

Der Untergrund der mesozoischen Sedimente in der Dänisch-Polnischen Senke ist sehr verschiedenartig,

[1]) Aus: „Kwartalnik Geologiczny", 1, S. 383—424, Warszawa 1957. — Übersetzung der englischen Zusammenfassung

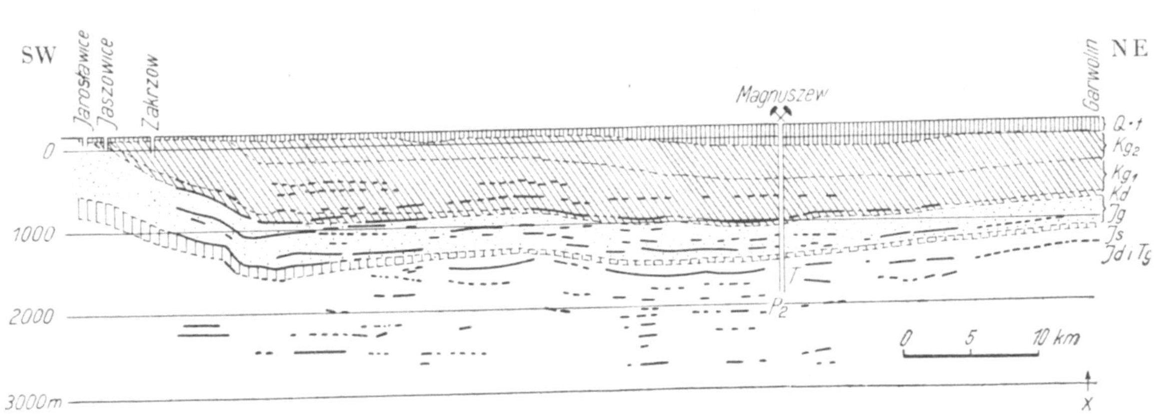

Abb. 2. Seismisches Profil Zakrzów—Garwolin im Gebiet von Radom (geologische Interpretation: W. POŻARYSKI)

Q + t — Quartär und Tertiär, Kg_2 — Obere Kreide: Dan und Maastricht, Kg_1 — Obere Kreide: Cenoman — Campan, Kd — Untere Kreide, Jg — Oberer Jura, Js — Mittlerer Jura, Jd i Tg — Rhät und Keuper, P_2 — Zechstein, X — Kreuzung des Profils mit der oberen Grenze des Abhanges des kristallinen Grundgebirges

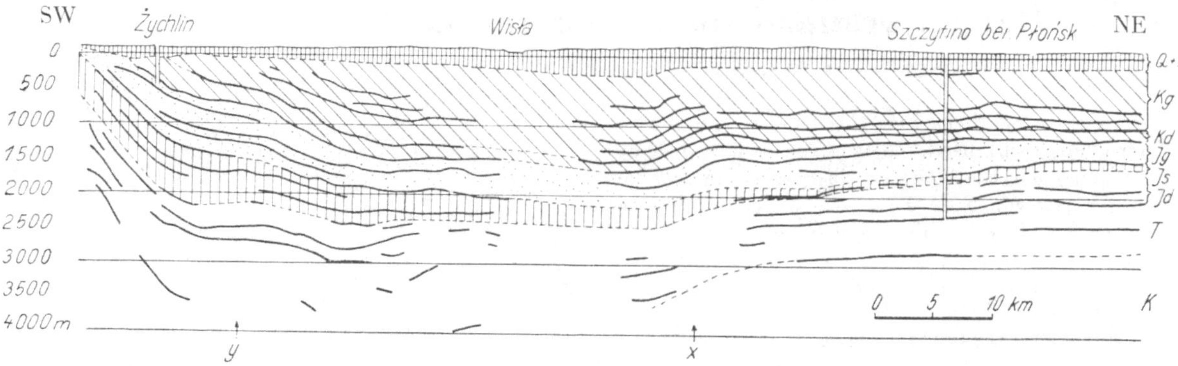

Abb. 3. Seismisches Profil Żychlin—Płońsk (geologische Interpretation: W. Pożaryski)

Q + t – Quartär und Tertiär, Kg – Obere Kreide, Kd – Untere Kreide, Jg – Oberer Jura, Js – Mittlerer Jura, Jd – Unterer Jura, T – Trias, K – kristallines Grundgebirge, X – Kreuzung des Profils mit der oberen Grenze des Abhangs des kristallinen Grundgebirges, Y – Kreuzung des Profils mit der unteren Grenze des Abhangs des kristallinen Grundgebirges

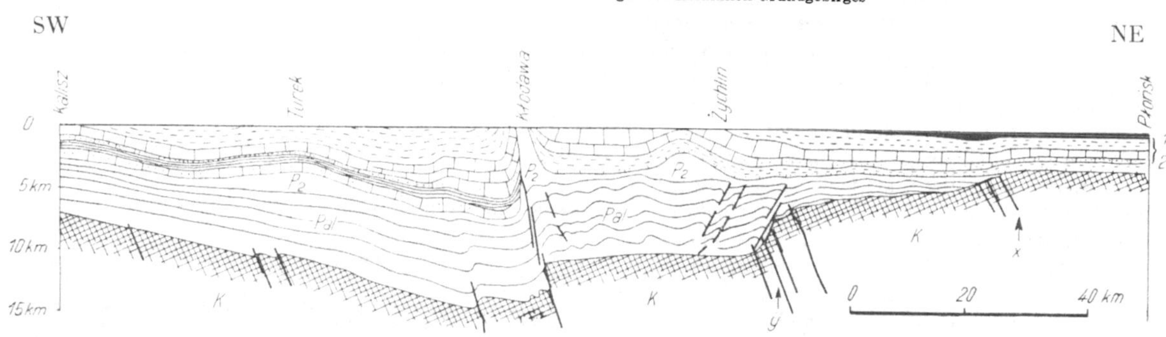

Abb. 4. Konstruiertes Profil durch die Dänisch-Polnische Senke in Kujawien

1 – Sedimente der untersten Kreide, 2 – Mesozoikum, P_2 – Zechstein, Pal. – Paläozoikum und Präkambrium, K – kristallines Grundgebirge, X – Obere Grenze des Abhanges des kristallinen Grundgebirges, Y – Untere Grenze des Abhanges des kristallinen Grundgebirges

namentlich in Südpolen, wo diese Furche die alten Gebirge schief kreuzt.

Südlich der Święty-Krzyż-Berge verläuft der archäische, vielleicht auch algonkische oder präkaledonische Franko-Podolische Rücken (M. Książkiewicz & J. Samsonowicz 1952). Unter den mesozoischen und känozoischen Sedimenten liegt dort präkambrisches Gebirge, das in der Achse der Senke gehoben und entlang seinen Rändern von paläozoischen Sedimenten unterschiedlicher Mächtigkeit bedeckt ist. Diese Erhebung geht in die Verlängerung des Kujawisch-Pommerschen Antiklinoriums über und bildet den Südteil einer Aufwölbung in der Achse der Dänisch-Polnischen Senke. Diese Aufwölbung taucht unter die Karpaten hinab.

Nördlich des Franko-Podolischen Rückens, zwischen Kielce und Sandomierz, erstreckt sich fast genau ost—westlich die Kette der Sandomiriden, die im Kambrium entstand. Ihre Fortsetzung nach Westen ist nicht geklärt, während sie nach Osten unzweifelhaft die Podolische Tafel erreicht. Sie übte einen bedeutenden Einfluß auf die Bildung der Dänisch-Polnischen Senke in diesem Teil aus.

Die Święty-Krzyż-Varisziden zeigen, im Gegensatz zu den Sandomiriden, eine deutliche Fortsetzung nach Westen.

Über dem Südrand des Pommerschen Abschnittes der Senke ist eine magnetische Anomalie zu beobachten. Sie beginnt nahe Bydgoszcz (Bromberg) und verläuft im Anfang genau westlich bis Piła (Schneidemühl), wo sie im Bogen nach NW schwenkt bis zur Odermündung. Schon früher haben deutsche Geologen (R. Zwerger 1948) diese Anomalie entlang dem Unterlauf der Oder erwähnt und sie mit einem kaledonischen Rücken in Verbindung gebracht, der auf Jütland zu verläuft. Die Bedeutung dieser Anomalie hat Verf. in einer früheren Veröffentlichung diskutiert (W. Pożaryski 1957). Es besteht kein Zweifel, daß der Ostabschnitt dieser Anomalie mit einem Rücken alten Gebirges zusammenhängt, der sich bis an den Rand der Plattform bei Bydgoszcz fortsetzt. Die Wahrscheinlichkeit dieser Deutung wird durch die Tatsache erhöht, daß diese Anomalie entlang ihrer ganzen Erstreckung fast parallel mit dem Rand des Baltischen Schildes und den Richtungen der alten Gebirgsrücken in Südpolen verläuft.

Das Mogilno—Łódź—Miechów-Synklinorium ist asymmetrisch gebaut. Seine an die Saxonische Großscholle angrenzende Westseite ist flach und von Querverwerfungen zerschnitten. Die mit dem Kujawisch-Pommerschen

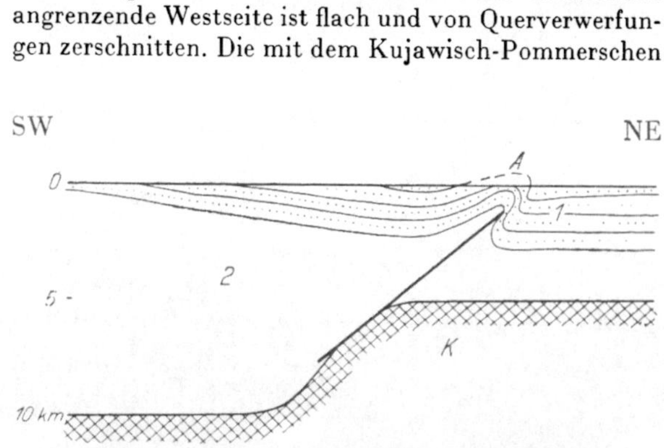

Abb. 5. Tektonisches Schema des Tafelrandes

A – Randfalte, verursacht durch Abgleiten der Sedimentschichten am Abhang des kristallinen Grundgebirges; K – kristallines Grundgebirge; 1 – mesozoische Gesteine; 2 – prämesozoische Gesteine, Sedimentserien

Antiklinorium in Verbindung stehende Seite ist sehr steil und in zahlreiche Längsfalten gelegt. Beim Durchschneiden der Kette der Varisziden und Sandomiriden wird das Synklinorium schmal und ändert die Richtung. Zwischen Bydgoszcz und Poznań (Posen) endet das Synklinorium. Höchstwahrscheinlich bestand ein Hindernis für diese Senke, wohl in Form eines alten Gebirgssystems, das durch die magnetische Anomalie kenntlich ist.

Im Süden hat sich das Kujawisch-Pommersche Antiklinorium auf einem alten Gebirge entwickelt, das während der Bildung des Antiklinoriums gehoben und zerstückelt war. In seinem Mittelteil setzt sich das Antiklinorium aus einer Anzahl von Brachyantiklinalen zusammen, die wahrscheinlich alle Salzstrukturen sind. In der Gegend von Bydgoszcz ändert es seine Richtung von SE—NW in ESE—WNW, gleichlaufend dem Tafelrand und dem alten Gebirgsrücken im Untergrund.

In Nordpolen nimmt das Antiklinorium die ganze Breite der Dänisch-Polnischen Senke ein und ist von langgestreckten Antiklinalen entlang seiner Achse bedeckt. Die südwestliche Abdachung ist die ältere. Die Falten zeigen keinerlei Merkmale von Salzdomen, was wahrscheinlich auf die verminderte Plastizität des Salzes infolge starker Beimengung an terrigenem Material zurückzuführen ist.

Die Sedimentation in der Dänisch-Polnischen Senke ist durch eine Anzahl von Abbildungen dargestellt worden (Abb. 6 bis 13). Die Ablagerungen in der Geosynklinale sind 6mal so mächtig wie auf der Russischen Tafel und $2^1/_2$mal so mächtig wie auf der Saxonischen Großscholle.

Die Dänisch-Polnische Senke stellt eine mesozoische Geosynklinale der alpinen Orogenese dar.

Durch den Druck Fennosarmatias auf das Gebiet von West- und Südeuropa, das im Paläozoikum gefaltet

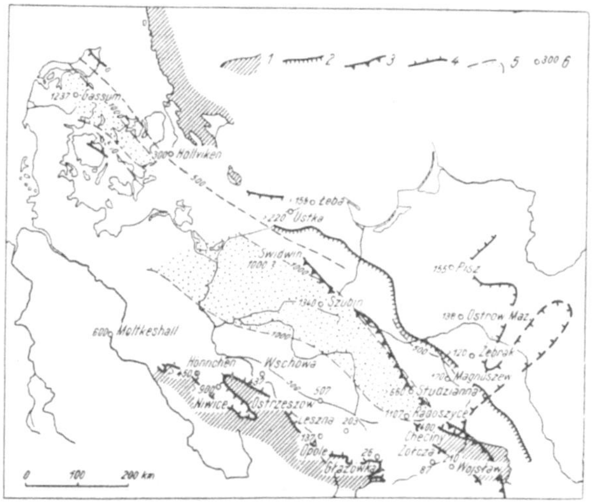

Abb. 6. Untere Trias der Dänisch-Polnischen Senke

1 — Ausbisse der paläozoischen und älteren Gesteine, 2 — obere Grenze des Abhanges des kristallinen Grundgebirges, 3 — untere Grenze des Abhanges des kristallinen Grundgebirges, 4 — Grenze des Vorkommens der Unteren Trias, 5 — Mächtigkeit der Unteren Trias über 1000 m, 6 — in Bohrungen festgestellte Mächtigkeit der Unteren Trias

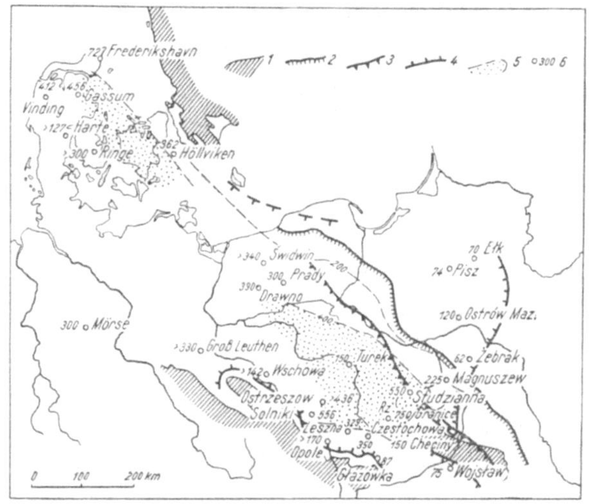

Abb. 8. Obere Trias in der Dänisch-Polnischen Senke

1 — Ausbisse der paläozoischen und älteren Gesteine, 2 — obere Grenze des Abhanges des kristallinen Grundgebirges, 3 — untere Grenze des Abhanges des kristallinen Grundgebirges, 4 — Grenze des Vorkommens der Oberen Trias, 5 — Gebiete mit über 400 m mächtigen Ablagerungen der Oberen Trias, 6 — in Bohrungen festgestellte Mächtigkeit der Oberen Trias

Abb. 7. Mittlere Trias in der Dänisch-Polnischen Senke

1 — Ausbisse der paläozoischen und älteren Gesteine, 2 — obere Grenze des Abhanges des kristallinen Grundgebirges, 3 — untere Grenze des Abhanges des kristallinen Grundgebirges, 4 — Grenze des Vorkommens der Mittleren Trias, 5 — Gebiete mit über 200 m mächtigen Ablagerungen der Mittleren Trias, 6 — in Bohrungen festgestellte Mächtigkeit der Mittleren Trias

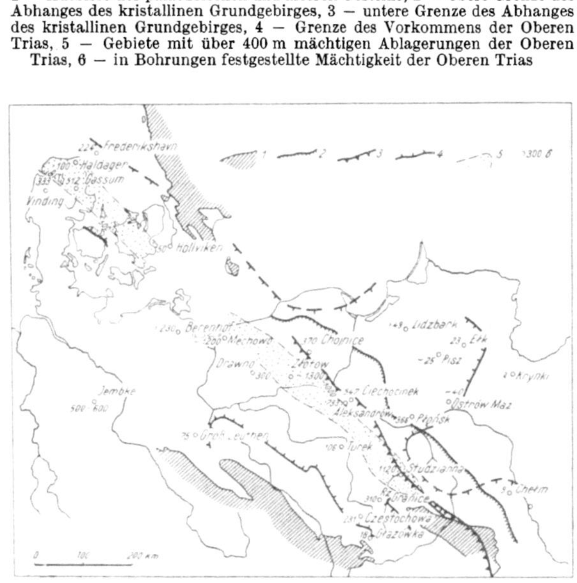

Abb. 9. Unterer Jura in der Dänisch-Polnischen Senke

1 — Ausbisse der paläozoischen und älteren Gesteine, 2 — obere Grenze des Abhanges des kristallinen Grundgebirges, 3 — untere Grenze des Abhanges des kristallinen Grundgebirges, 4 — Grenze des Vorkommens des Unteren Jura, 5 — Gebiete mit über 1000 m mächtigen Ablagerungen des Unteren Jura, 6 — in Bohrungen festgestellte Mächtigkeit des Unteren Jura

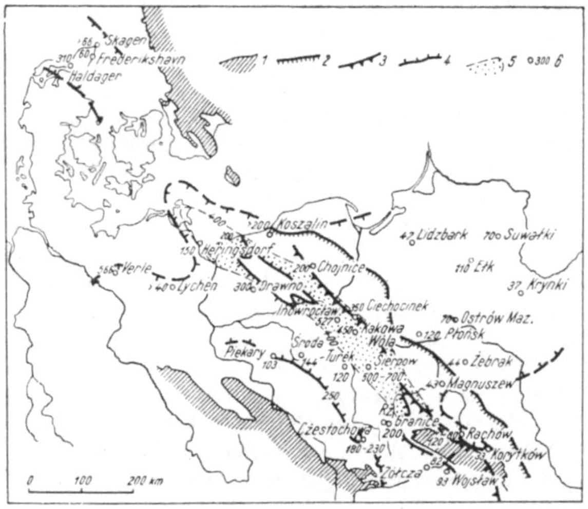

Abb. 10. Mittlerer Jura in der Dänisch-Polnischen Senke

1 – Ausbisse der paläozoischen und älteren Gesteine, 2 – obere Grenze des Abhanges des kristallinen Grundgebirges, 3 – untere Grenze des Abhanges des kristallinen Grundgebirges, 4 – Grenze des Vorkommens des Mittleren Jura, 5 – Gebiete mit über 400 m mächtigen Ablagerungen des Mittleren Jura, 6 – in Bohrungen festgestellte Mächtigkeit des Mittleren Jura

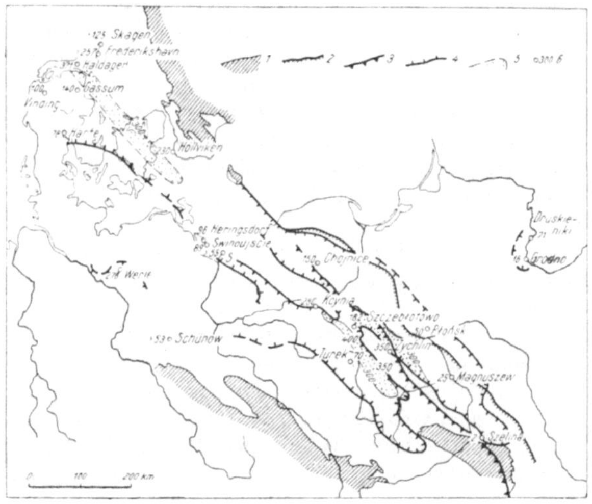

Abb. 12. Untere Kreide in der Dänisch-Polnischen Senke

1 – Ausbisse der paläozoischen und älteren Gesteine, 2 – obere Grenze des Abhanges des kristallinen Grundgebirges, 3 – untere Grenze des Abhanges des kristallinen Grundgebirges, 4 – Grenze des Vorkommens der Unteren Kreide, 5 – Gebiete mit über 300 m mächtigen Ablagerungen der Unteren Kreide, 6 – in Bohrungen festgestellte Mächtigkeit der Unteren Kreide

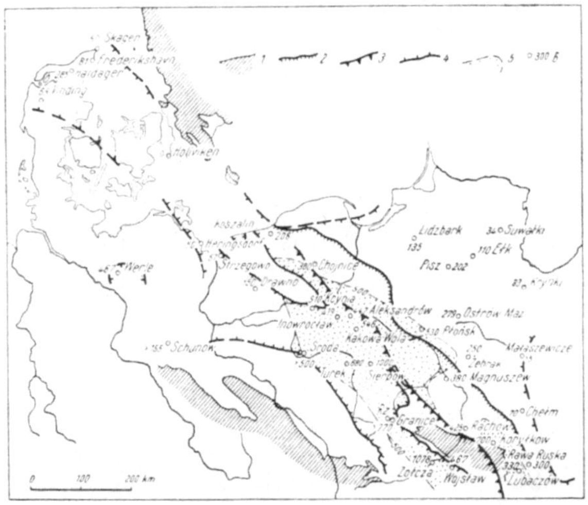

Abb. 11. Oberer Jura in der Dänisch-Polnischen Senke

1 – Ausbisse der paläozoischen und älteren Gesteine, 2 – obere Grenze des Abhanges des kristallinen Grundgebirges, 3 – untere Grenze des Abhanges des kristallinen Grundgebirges, 4 – Grenze des Vorkommens des Oberen Jura, 5 – Gebiete mit über 500 m mächtigen Ablagerungen des Oberen Jura, 6 – in Bohrungen festgestellte Mächtigkeit des Oberen Jura

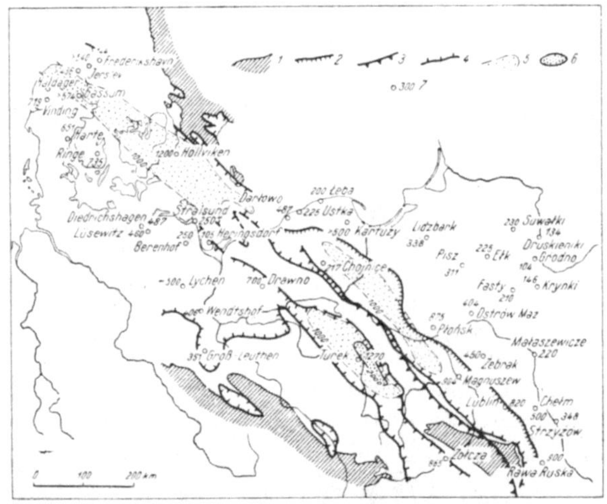

Abb. 13. Obere Kreide in der Dänisch-Polnischen Senke

1 – Ausbisse der paläozoischen und älteren Gesteine, 2 – obere Grenze des Abhanges des kristallinen Grundgebirges, 3 – untere Grenze des Abhanges des kristallinen Grundgebirges, 4 – Grenze des Vorkommens der Oberen Kreide, 5 – Gebiete mit über 1000 m mächtigen Ablagerungen der Oberen Kreide, 6 – Gebiete mit über 2000 m mächtigen Ablagerungen der Oberen Kreide, 7 – in Bohrungen festgestellte Mächtigkeit der Oberen Kreide

worden war, erfolgte während der Trias, oder vielleicht schon während des Zechsteins, eine Absenkung des Untergrundes im Vorland von Fennosarmatia. Es bildete sich eine langgestreckte Senke, die den Rand der Varisziden auf der Linie des Mogilno—Łódź—Miechów-Synklinoriums durchbrach. Die stärkste Dislokation entstand am Rand der Tafel, während sich die SW-Flanke der Senke als eine sanfte Neigung des Untergrundes gegen diesen aktiven Rand ausbildete.

Das abgesenkte Gebiet wurde sofort mit Sedimenten gefüllt. Aber die fortgesetzte Pressung, verbunden mit einer räumlichen Verengung der Senke, bewirkte eine Faltung dieser inzwischen zu großer Mächtigkeit angewachsenen Sedimente. Im Abschnitt entlang der Russischen Tafel entstand die Faltung direkt am Rand. Wir können es so ausdrücken, daß dieser Rand die Sedimente zusammen- und aufpreßte und so das mittelpolnische Antiklinorium herausbildete. Weiter im Süden, im Unterlaufgebiet des San, wurden Gebirgsschichten von ripheischem und kambrischem Alter, im Gebiet der Varisziden Paläozoikum und in Kujawien auch Mesozoikum erfaßt.

Die Pressung war nicht in der ganzen Längserstreckung der Senke von einheitlicher Stärke. Man muß voraussetzen, daß näher dem Ursprung der Krustenbewegung, also im Süden, dieser Druck stärker war. Dies würde die Abwesenheit von Faltungen im dänischen Teil der Senke erklären. Die horizontale Einengung war hier am Rand des Baltischen Schildes verhältnismäßig schwach und bewirkte nur eine Absenkung des Untergrundes und eine vermehrte Sedimentation in der Senke ohne irgendwelche Faltungen. Weiter im Süden, in Pommern, wurden entlang dem Rand des Baltischen Schildes schon Falten ausgebildet. Hier ist die ganze

Breite der Senke mit Falten erfüllt. Die stärksten von ihnen (Antiklinale von Kamień) sind auf der Seite der Senke konzentriert, die dem Rand der Tafel gegenüberliegt, und durch Flexuren und teilweise Überkippungen in SW-Richtung gestört. Solche Faltenformen verraten, daß der seichte kristalline Untergrund von NE her langsam abtaucht. Dementsprechend nimmt der Sedimentmantel nach SW allmählich an Mächtigkeit zu. Entlang dem SW-Rand der Senke, wo dieser Mantel am mächtigsten wurde, war er auch am stärksten zur Faltung fähig.

Es soll noch hervorgehoben werden, daß der gesamte Teil der Senke entlang dem Baltischen Schild während des jüngeren Mesozoikums keinen bemerkenswerten Bewegungen ausgesetzt gewesen ist. Das erkennt man an den relativ geringmächtigen Malmablagerungen und den Sedimenten der Oberkreide, die hier halb so mächtig sind wie in dem der Russischen Tafel benachbarten Abschnitt.

Südlich des Baltischen Schildes, zwischen Chojnice (Konitz) und Bydgoszcz, taucht der kristalline Untergrund schneller ab. Darum grenzt das Antiklinorium an die Tafel an, und auf seinem tieferen Flankenabfall ist die Chojnice-Randfalte ausgebildet. Die Struktur des Randes und der Senke ist hier grundsätzlich die gleiche wie im Süden. Der Hauptunterschied besteht jedoch darin, daß in Pommern kein Synklinorium im SW-Teil der Senke ausgebildet worden ist. Dies liegt an der größeren Starrheit des Untergrundes von Nordkujawien, wobei angenommen wird, daß sich dort in der Tiefe alte Gebirgsrücken erstrecken.

In Südpolen bewirkte während des Malm ein weiterer starker Seitendruck ein Abbrechen des Randes der Tafel in Gestalt einer Staffel, die sich absenkte. Über ihr bildete sich das Sedimentbecken einer Randsynklinale. In Mittel- und Nordpolen ist dieses Becken nicht vor der Oberkreide entstanden. Dies mag durch die Annahme erklärt werden, daß im Süden der Druck am stärksten war und daß vor dem Rande der Tafel alte Gebirgsrücken vorhanden sind, die dem Druck den größten Widerstand entgegensetzten, so daß die Umformung nicht so sehr das Vorfeld wie den Rand der Tafel betraf.

Während der durch die alpine Gebirgsbildung hervorgerufenen Laramischen Faltung fand die letzte Hebung des ganzen Vorfeldes der Tafel statt. Der abnehmende Druck bewirkte das Absinken der Randstaffel der Russischen Tafel und die Bildung des kurzlebigen Sedimentationstroges der Randsynklinale. Dieses Becken mag mit einer Vortiefe verglichen werden und die darin abgelagerten Sedimente mit der Molasse. Während der letzten Phase der Laramischen Bewegungen, an der Wende Paläozän/Eozän, wurde auch diese Region herausgehoben.

Im Bereich der Dänisch-Polnischen Senke sind Merkmale eines aktiven Magmatismus von wahrscheinlich mesozoischem Alter festgestellt worden. Sie bestehen in Diabasgängen, die von N nach S die variszischen Falten im zentralen Teil der Święty-Krzyż-Berge durchsetzen.

Literatur

DĄBROWSKI, A.: Mapa grawimetryczna Polski w skali 1:1000000. – Inst. Geol. Warszawa, 1954.

DĄBROWSKI, A. & K. KARACZUN: Mapa magnetyczna w skali 1:1000000. – Inst. Geol. Warszawa, 1956.

KSIĄŻKIEWICZ, M. & J. SAMSONOWICZ: Zarys geologii Polski. – PWN, Warszawa 1952.

POŻARYSKI, W.: Regionalna Geologia Polski. 2. Region Lubelski. – Pol. Tow. Geol., Kraków 1956 [1956a].

– Podzial strukturalno-geologiczny Polski jako podstawa badań. – Prz. Geol., Nr. 6, S. 237–241, Warszawa 1956 [1956b].

– Podłoze polnocno-zachodniej Polski na tle struktur otaczających. – Kwart. Geol., Nr. 1, S. 7–31, Warszawa 1957.

ZWERGER, R. VON: Der tiefere Untergrund des westlichen Peribaltikums. – Abh. geol. Landesanst. Berlin, NF, H. 210, 1948.

Der geologische Bau des mesozoischen Deckgebirges in Nordwestpolen[1)]

MARIA JASKOWIAK, Warszawa

Das Gebiet der Volksrepublik Polen läßt sich geotektonisch in drei größere Einheiten — die präkambrische Osteuropäische Tafel sowie einen paläozoisch und einen alpidisch gefalteten Bereich — gliedern. W. POŻARYSKI (1956, 1957, 1960) und J. ZNOSKO (1959, 1960) unterteilten diese drei dem tektonischen Bau nach unterschiedlichen Bezirke in eine Reihe kleinerer Struktureinheiten — das Deckgebirge der Osteuropäischen Tafel in die Peribaltische Depression, die Masurisch-Belorussische Erhebung, die Podlasie-Brest-Depression, die Aufwölbung von Sławatycze und die Bug-Depression, das Deckgebirge des vornehmlich paläozoisch gefalteten Gebietes in die zwischen der Tafel und dem Nordeuropäischen Becken J. SAMSONOWICZs gelegene Randsenke, das Pommerisch-Kujawische Antiklinorium, das Szczecin—Łódź—Miechów-Synklinorium und die Subsudetische Monoklinale, das zutage tretende varistische Grundgebirge selbst in die Sudeten sowie das Święty-Krzyż-Gebirge und den Bezirk mit alpidischer Faltung schließlich in die Karpaten und die nördlich an diese angrenzende Karpatenvorsenke.

Am Aufbau Nordwestpolens sind davon die Peribaltische Depression mit der sog. Aufwölbung von Łeba, der nordwestliche Teil der Randsenke mit den Antiklinalen von Chojnice, Korytowo und Koszalin, das aus den Antiklinalstrukturen von Kamień Pomorski und Kołobrzeg sowie der zwischen diesen liegenden Trzebiatów-Synklinale bestehende Pommersche Antiklinorium, die durch eine Längsstörung bzw. eine steile Flexur von diesem getrennte Szczeciner Mulde sowie der Nordwestabschnitt der Subsudetischen Monoklinale beteiligt.

Die ältesten Ablagerungen des Deckgebirges gehören in diesem Gebiet dem Rotliegenden an. Sie sind nur an wenigen Stellen nachweisbar und wurden bisher kaum eingehender untersucht. Größere Verbreitung besitzen die im Zentralteil des Pommerschen Antiklinoriums z. T. mehr als 1300 m mächtigen Ablagerungen des von den Sudeten und dem Święty-Krzyż-Gebirge im Süden bzw. Südosten und der Osteuropäischen Tafel im Nordosten begrenzten Norddeutsch—Polnischen Zechsteinbeckens.

Der Übergang zur Trias ist im allgemeinen konkordant, lediglich im Bereich der Tafel liegen die Sand-,

[1)] Vortrag, gehalten auf dem I. Internationalen Kolloquium junger Geologen vom 2.–8. 10. 1960 in Potsdam. – Redaktionell gekürzt von D. FRANKE, Berlin.

Ton- und Schluffsteine des Unteren sowie die sandigen und konglomeratischen Bildungen des Mittleren Buntsandsteins stellenweise über älteren Schichten. Die Mächtigkeit beider Stufen beträgt im Gebiet des Pommerschen Antiklinoriums nahezu 1200 m, nimmt jedoch in Richtung auf die Subsudetische Senke im Südwesten und die Osteuropäische Tafel im Nordosten rasch ab.

Der Röt liegt in Nordwestpolen — wahrscheinlich infolge schwacher tektonischer Bewegungen — in zwei verschiedenen Ausbildungen vor. Während nämlich in der Subsudetischen Monoklinale Kalksteine, Dolomite sowie Tonsteine mit Anhydrit- und Steinsalzeinlagerungen vorherrschen, wurden im Gebiet des Pommerschen Antiklinoriums und des Nordwestteils der Randsenke hauptsächlich klastische Sedimente (Sandsteine, Schluffsteine, z. T. auch Tonsteine mit zahlreichen Anhydrit- und Gipsknollen) abgelagert.

Durch Zunahme des Karbonatgehaltes geht der Röt allmählich, ohne scharfe Grenze, in den Muschelkalk über, dessen untere Stufe vorwiegend aus Wellenkalken, die mittlere aus Dolomiten, Kalksteinen sowie Tonsteinen mit Anhydriteinschaltungen und die obere Stufe wiederum aus Kalksteinen, Mergelkalksteinen und dunkelgrauen Tonsteinen besteht. Die Mächtigkeiten von Röt und Muschelkalk erreichen im Nordteil der Subsudetischen Monoklinale durchschnittlich 200 bis 230 m, im Pommerschen Antiklinorium etwa 300 m und im nördlichen Abschnitt der Randsenke nur 100 bis 150 m. Im Gebiet der Peribaltischen Depression scheinen Röt-Muschelkalk-Ablagerungen vollkommen zu fehlen.

Der Keuper wird, da man in Polen das Rhät zum Jura stellt, lediglich in eine untere und eine dem deutschen Mittleren Keuper entsprechende obere Stufe geteilt. Im Unterkeuper kommen vor allem graue Tonsteine und pflanzenführende Schluffsteine sowie in den hangenden Partien, besonders im Nordosten, der Grenzdolomit vor, im Oberkeuper von unten nach oben der Untere Gipskeuper (50—150 m) mit Sandstein-, Dolomit- und Anhydritlagen führenden bunten Tonsteinen, der Schilfsandstein (35—50 m) mit Sandsteinen, Arkosen und Tonsteinen, schließlich der Obere Gipskeuper (90—140 m) mit vorwiegend kalkhaltigen Tonsteinen, die zahlreiche Gips- und Anhydritlinsen enthalten.

Im Rhät existierten in Nordwestpolen drei verschiedene Sedimentationszonen. Die nördliche umfaßte den Nordabschnitt des Pommerschen Antiklinoriums, die Randsenke sowie die Peribaltische Depression, die mittlere die Szczeciner Mulde sowie das südliche Pommersche Antiklinorium und die am weitesten im Süden gelegene den Bereich der Subsudetischen Senke, die südöstlich an die Mulde von Szczecin angrenzende Mulde von Łódź und das Kujawische Antiklinorium.

Zu Beginn des Rhäts herrschten noch einheitliche Sedimentationsbedingungen vor. Erst im höheren Unterrhät machte sich eine stärkere Faziesdifferenzierung bemerkbar, indem in der mittleren Zone vorwiegend graue Tone mit Pflanzenhäcksel, in der nördlichen und südlichen dagegen die Aufarbeitungsprodukte der durch die an der Trias-Jura-Grenze erfolgten Hebungen erodierten triassischen Sedimente abgelagert wurden. Das Mittlere Rhät besteht aus tonigen Schichten mit Braunkohleneinlagerungen und Eisenkarbonatsphärolithen, das durch Megasporen paläontologisch sicher belegte Oberrhät aus sandigen und tonigen Bildungen.

Die relativ rasch aufeinanderfolgenden Änderungen in den Sedimentationsbedingungen hielten auch im Lias an. So ist der Lias α an der Basis grobklastisch-sandig, in den oberen Teilen mehr tonig entwickelt. Marine Ingressionen machten sich besonders im Lias α_1 und Lias α_3 bemerkbar. Der Lias β besteht aus kontinentalen (sandigen), der Lias γ zum größten Teil aus marinen (tonigen und schluffigen) und der Lias δ, mit Ausnahme seines oberen Abschnittes, wiederum aus kontinentalen (sandigen) Ablagerungen. Im Lias ε überwiegen limnische, im Lias ζ abermals sandige kontinentale Sedimente.

Während in der Mulde von Łódź sowie im Kujawischen Antiklinorium der Dogger bereits mit marinen Schichten (schwarze Schiefer und Schluffsteine der Aalen-Stufe) beginnt, sind im nördlichsten Teil des Pommerschen Antiklinoriums noch limnische Sande vertreten. Marine, vorwiegend tonige Bildungen treten hier erstmals mit den Subfurcaten- und den Parkinsonien-Schichten auf. Noch später, nämlich erst am Ende des Vesuliens[2]) (*Württembergica*-Zone), erfolgte die Transgression im Gebiet der Randsenke sowie der Subsudetischen Monoklinale, auf der Osteuropäischen Tafel sogar erst im Oberen Bathonien. Das darauffolgende Callovien besteht zum größten Teil aus sandigen Kalksteinen und Mergeln, lediglich im Pommerschen Antiklinorium sowie in der Mulde von Szczecin überwiegen Ton- und Schluffsteine.

Bewegungen an der Dogger-Malm-Grenze führten zur Bildung eines charakteristischen Konglomerathorizonts, der sog. Knollenbank. Nur im Westen Polens setzte sich die tonig-schluffige Sedimentation des Calloviens ungestört bis in den Unteren Malm fort. Im Oxford kommen im Norden und Nordwesten, d. h. auf der Tafel, in der Randsenke, der Mulde von Szczecin sowie im Pommerschen Antiklinorium, Schluffsteine, Tonsteine und schluffige Mergel vor, in der Subsudetischen Monoklinale, der Mulde von Łódź und im Kujawischen Antiklinorium dagegen Karbonatgesteine mit Riff- und Schwammkalkablagerungen. Diese Sedimentation karbonatischer Schichten griff im Astartien[3]) auch auf die übrigen Teile des Beckens über (oolithische Kalksteine und Riffkalke), nur in der Peribaltischen Depression und im östlichen Teil des Pommerschen Antiklinoriums kamen noch tonig-schluffige Bildungen zum Absatz. Diese letzten Faziesunterschiede waren im Kimmeridge und Portland endgültig verschwunden. Zu dieser Zeit wurden im gesamten nordwestpolnischen Raum mächtige Mergel- und Tonsteinserien abgelagert, bis sich am Ende des Malms das Meer allmählich aus den Randzonen zurückzog und nur im zentralen Teil des Beckens, in dem Cyrries-Mergel, Tone und Gipsablagerungen gebildet wurden, verblieb.

Die größten Juramächtigkeiten liegen naturgemäß im Beckeninneren, d. h. im Gebiet des Pommerisch-Kujawischen Antiklinoriums und der Mulden von Szczecin und Łódź (Rhät 100 bis 300 m, Lias z. T. bis über 1000 m, Dogger über 900 m und Malm stellenweise ebenfalls mehr als 1000 m).

Die Kreide beginnt mit den bisher nur aus dem Kujawischen Antiklinorium und der Mulde von Łódź bekannten, kaum 20 m mächtigen Mergeln, Sanden und Tonen des Wealden. Marine Sedimente (schwarze, tonige und schluffige Gesteine mit Mergel-, Toneisen-

[2]) Das Vesulien reicht von der Zone mit *Strenoceras subfurcatum* Ziet. bis zur Zone mit *Parkinsonia württembergica* (Opp.).

[3]) Das Astartien reicht von der Zone mit *Ringsteadia anglica* Salf. und *R. pseudocordata* Blake bis zur Zone mit *Pictonia baylei* Salf.

stein- und örtlich auch Eisenoolitheinlagerungen) wurden erstmals im Verlauf der Valendis-Hauterive-Transgression abgelagert. Später, am Ende des Hauterive, zog sich das Meer wieder zurück. Barrême, Apt und Unteralb stellen deshalb eine Periode intensiver Abtragung dar. Limnische und fluviatile Bildungen (Sande mit Pflanzenresten) sind nur lokal entwickelt. Im Mittelalb wurden dann abermals weite Gebiete Polens vom Meer überflutet, so daß sich — diskordant auf älteren unterkretazischen, in den Randzonen sogar auf jurassischen Schichtgliedern — geringmächtige glaukonitische Sandsteine, die im Oberalb in den tieferen Teilen des Beckens in Mergel übergingen, ablagern konnten.

Diese im Mittelalb einsetzende marine Sedimentation dauerte während der ganzen Oberkreide an. In der Peribaltischen Depression wurden auch weiterhin glaukonitische Sande, im Dänisch—Polnischen Becken sowie in der Subsudetischen Monoklinale aber im Cenoman, Unter- und Mittelturon Kalksteine und Mergel gebildet. Später blieb die kalkig-mergelige Sedimentation nur noch auf das Gebiet der Subsudetischen Monoklinale beschränkt; in den Mulden von Szczecin und Łódź sowie in der Randsenke entstanden dagegen Mergel und Kieselkalksteine, die sog. Opoka.

Am Ende der Kreide erfolgte eine allgemeine Regression — in der Subsudetischen Monoklinale schon im Campan, in der Mulde von Szczecin im Untermaastricht. Im Dan lagen nur noch das Gebiet der Randsenke sowie der nordwestliche Teil der Osteuropäischen Tafel unter Meeresbedeckung.

Etwa zur gleichen Zeit begann die letzte Etappe in der wahrscheinlich bereits während der Oberen Trias einsetzenden und bis ins Paläogen andauernden Herausbildung des Pommerschen Antiklinoriums, der Szczeciner Mulde und der zahlreichen anderen Strukturen Nordwestpolens.

Literatur

POŻARYSKI, W.: Die strukturgeologische Gliederung Polens als Grundlage der Untersuchungen. — Prz. geol., Nr. 6, 237—247, Warschau 1956.

— Der Untergrund Nordwestpolens unter dem Gesichtspunkt der umgebenden Strukturen. — Kwart. geol., **1**, H. 1, 7—22, Warschau 1957.

— Grundriß der Stratigraphie und Paläogeographie der Kreide in der polnischen Tiefebene. — Pr. Inst. Geol.. XXX, Teil 2, Warschau 1960.

ZNOSKO, J.: Vorläufiger Abriß der Stratigraphie des Jura im südwestlichen Teil der polnischen Tiefebene. — Kwart. geol., **3**, H. 3, 501—519, Warschau 1959.

Interessante Einzelheiten der geologischen Geschichte Asiens[1]

D. W. NALIWKIN, UdSSR

Drei Besonderheiten der Natur Ost- und Südostasiens erregen die Aufmerksamkeit der Wissenschaft. Erstens die Spuren einer alten Vergletscherung. Sie kommen flächenhaft vor und finden sich heute in flach über dem Meeresspiegel liegenden Ebenen, die weit nach Süden reichen. Zweitens ein vom Meer überflutetes Relief. Hunderte von Kilometern von der Küste entfernt ziehen sich Flußtäler unter dem Meeresspiegel hin, bald in Form tiefer Cañons, bald in Form abschüssiger Aushöhlungen, bald als Berge und an anderen Stellen wieder als Ebenen. Drittens die Tier- und Pflanzenwelt ist auf den zerstreut liegenden Inseln so angesiedelt, als ob sie Teile einer in der Vergangenheit einheitlichen Flora und Fauna seien.

Was besagen diese Tatsachen? Gibt es zwischen ihnen einen direkten Zusammenhang? Wenn ja, wann vollzogen sich diese gewaltigen Umwandlungsprozesse?

Die alte Vergletscherung

Die Spuren einer jungen, quartären Vergletscherung in Zentralchina wurden vor über zwanzig Jahren von dem führenden chinesischen Geologen, Prof. LI SY-GUAN, entdeckt. In einer Spezialarbeit, der eine Reihe überzeugender Photographien beigegeben sind, wurden sie von ihm in allen Einzelheiten beschrieben. Besonders interessant sind die abgeschliffenen und glattgehobelten Oberflächen des anstehenden Gesteins, die Gletscherschrammen aufweisen. Auf diesen Flächen liegt typischer Geschiebelehm. Die Gesteinstrümmer und Blöcke in diesem Lehm sind durch Gletscher ebenfalls geschliffen.

LI SY-GUAN entdeckte gleiche Vereisungsspuren in den nördlicheren Gebieten und in den letzten Jahren in der Umgebung von Peking[2]).

Nördlich Peking, in der Nähe des Dorfes Moscho-Kou, ist auf einer terrassenartigen Stufe, die in einer Höhe von 150—200 m unter dem Niveau der Pekinger alluvialen (aus Flußanschwemmungen zusammengesetzten) Ebene gelegen ist, am Abhang einer Schlucht die abgeschliffene Oberfläche alter, fester Sandsteine und Schiefer bloßgelegt. Diese Fläche beträgt 6—8 m^2, aber man erkennt, wie sie unter dem sie bedeckenden Geschiebelehm in die Tiefe weiterreicht. Die geschliffene Oberfläche ist schwach gewellt und mit Gletscherschrammen von fast gleicher Richtung bedeckt. Auf dieser Fläche liegt Geschiebelehm gewöhnlicher Art. In einem sandig-tonigen Zement sind Gesteinstrümmer und -blöcke verschiedener Zusammensetzung eingeschlossen, von der Abmessung kleiner Körner bis zu Trümmern mit mehr als einem Meter Durchmesser. Alle diese Blöcke sind kantig, spitzwinklig, nicht abgerundet und im Zement ohne jede Ordnung verteilt.

Dieser Geschiebelehm — eine typische Moräne — ist eine übliche Gletschererscheinung. Es gibt noch einige andere solcher Stellen, an denen die abgeschliffene Oberfläche des vorquartären Gebirges aus der Moräne zutage tritt.

Die Moräne kommt hier den ganzen Hang entlang in ein und derselben Höhe über dem Meeresspiegel vor. Der Absatz, auf dem die Moräne lagert, liegt an dem Abhang eines ziemlich hohen und abschüssigen Bergrückens. In den Abhang selbst schneiden sich hier stellenweise kurze, mit halbkreisförmigen Vertiefungen abschließende Trogtäler ein, die an Gletscherkare erinnern. Die Trogtäler und Kare sind schon stark zerstört. Sie erinnern nur noch entfernt an analoge Reliefformen in Gebieten rezenter Vergletscherung, z. B. im Kaukasus und in Zentralasien, wo die Tröge und Kare gut erhalten und durch Erosion fast nicht angegriffen sind. Folglich ist nach der Vergletscherung in China ein langer Zeitraum vergangen. Sie lag in der Mitte oder sogar zu Beginn der Quartärperiode. Außerdem trug

[1]) Aus: „Priroda“, Nr. 8, 1960, S. 35—42. — Übers.: H. LANGE. (Dieser Artikel des Akademiemitgliedes NALIWKIN stützt sich im wesentlichen auf Angaben des bekannten chinesischen Geologen, Professor LI SY-GUAN.)

[2]) Prof. LI SY-GUAN bereitet eine Monographie über die quartäre Vereisung Chinas vor. Alle weiter unten gebrachten Angaben über die Vereisung sind seinen Materialien entnommen.

sie Gebirgstalcharakter. Es ist möglich, daß die Gletscher am Fuße des Gebirgszuges aus den Tälern heraustraten, sich ausbreiteten und miteinander verschmolzen. Die Moränen solcher Vorlandvergletscherung sind in Zentralasien nicht selten.

Von besonderer Wichtigkeit ist die Tatsache, daß die Vergletscherungsspuren immer niedrig über dem Meeresspiegel gelegen sind. In der Umgebung von Peking, im südlichen Teil des Jangtsetales (Ljuschan) und in den dazwischenliegenden Gebieten wurden diese Anzeichen in Höhen von nur 200—300 m gefunden. Für diese südlichen Breiten ist das so unnormal, daß vielfach Zweifel an der Tatsache der Vergletscherung geäußert wurden. Eine eingehende Betrachtung der abgeschliffenen Oberflächen und die Aufschlüsse des auflagernden Geschiebelehms lassen jedoch keinen Zweifel an ihrem Gletscherursprung.

Der Geschiebelehm Chinas wird nur von rezentem Boden bedeckt. Es gibt in ihm keine Anzeichen für eine Zerreibung zwischen zwei festen Flächen. Der sandigtonige Zement ist weich, ungeschichtet, durch Flußwasser sortiert, die Mächtigkeit des Lehmes ziemlich beträchtlich. Sie beträgt einige zehn Meter. Die Blöcke darin sind häufig von großen Ausmaßen. Alle gletschergeschliffenen Flächen sind auf einem sehr großen Terrain — von Peking bis zum Jangtse — fast horizontal gelagert.

Somit kann man die glaziale Entstehung des Geschiebelehms und der darunter liegenden abgeschliffenen Flächen für erwiesen halten.

In der heutigen Höhenlage von 200—300 m über NN können sie sich aber nicht gebildet haben. Folglich hat sich das Vereisungsgebiet in späterer Zeit um nicht weniger als 2000—3000 m gesenkt. Wie bereits beschrieben, nahm es eine gewaltige Fläche ein. Aber eine noch größere umfaßte das Senkungsgebiet.

Das ertrunkene Relief

Von den gewaltigen Ausmaßen dieser Senkung, sowohl in bezug auf die Höhe der Verlagerung als auch hinsichtlich ihres Verbreitungsgebietes, spricht der Bau des Meeresbodens: die ertrunkenen Flußtäler und Erhebungen. Es ist interessant, daß diese Anzeichen die oben geforderten, gleichen Ausmaße der Senkungen ergeben: nicht weniger als 2000—3000 m.

Ertrunkene Flußtäler wurden in vielen Abschnitten des östlichen und südöstlichen Küstengebietes Asiens entdeckt, ungeachtet dessen, daß die Hydrographie dieses Küstengebietes noch ungenügend erforscht ist. Es besteht kein Zweifel, daß viele Unterwassertäler noch nicht in die Karten eingetragen sind.

Das nördlichste Tal befindet sich im östlichen Teil des Ochotskischen Meeres. Es beginnt mit zwei Spitzen, die der Gishiga- und der Penshina-Bucht entsprechen. Beide vereinigen sich und bilden, mit einer Tiefe von über 100 m beginnend, ein Tal. Es ist verhältnismäßig breit und flach, aber im Bodenrelief des Ochotskischen Meeres deutlich ausgeprägt. Sich allmählich vertiefend, verläuft es weiterhin parallel zur Küste von Kamtschatka und verliert sich in einem Becken von über 3000 m Tiefe.

Weiter nach Süden bietet sich der Tataren-Sund zwischen Sachalin und dem Festland als ein großes Flußtal dar. Er entspricht der Unterwasserfortsetzung des Amurtales. Schnell absinkend, erreicht es Tiefen von 100, 200, 500, 1500 m und läßt sich bis in Tiefen über 3000 m verfolgen.

Eine Reihe typischer ertrunkener Flußtäler wurde auch an der Ostküste Japans entdeckt. Sie sind seit langem bekannt und mehrmals beschrieben worden. Das nördlichste von ihnen bildet die Talfortsetzungen der Insel Hokkaido. Aber besonders klar sind sie weiter südlich ausgeprägt.

Besonders interessant ist das enge und tiefe Tal, das in der Suruga-Bai beginnt. Stellenweise hat es das Aussehen eines Cañons mit steilen, fast senkrechten Abhängen. Sehr schnell erreicht es Tiefen über 3000 m und endet in einem Becken mit der Tiefenlage von über 5000 m.

Weniger bekannt, aber nicht weniger charakteristisch sind die Unterwasser-Flußtäler an der Nordostküste Koreas. Unterwassertäler sind auch von den Küsten Borneos und anderer Inseln des indonesischen Archipels bekannt. Schließlich kennt man auch den Unterwassercañon, der die Fortsetzung des Ganges darstellt: ein schmales und tiefes Tal mit steilen Abhängen. Es läßt sich bis zu einer Tiefe von über 2000 m verfolgen.

An den Küsten Chinas sind Unterwassertäler nicht bekannt. Anscheinend existieren keine markanten Täler. Die Meere zeichnen sich hier durch unbedeutende Tiefen mit weniger als 100 m aus. Im Grunde genommen sind diese Meere nichts anderes als überschwemmte Küstenebenen, die durch Flußablagerungen gebildet wurden. An der Oberfläche solcher Ebenen ist die Höhe der Flußtäler sehr gering, die Flußbetten sind verhältnismäßig flach.

Wenn Flußtäler unter den Meeresspiegel absinken, dann senken sich mit ihnen zusammen selbstverständlich auch ihre Wasserscheiden, die Erhebungen, die Bergketten und die gewaltigen Ebenen, die die ehemaligen Täler gebildet hatten. Diese sehr wichtige Tatsache hat bislang noch nicht die gebührende Beachtung gefunden. Nichtsdestoweniger kann man daraus wesentliche Folgerungen ziehen: In den Senkungsgebieten wurde das Relief des Meeresbodens hauptsächlich durch terrestrische Erosion herausgearbeitet. Meeressedimente haben das früher über dem Wasserspiegel geschaffene Relief nur wenig verändert.

Insbesondere das Meeresbodenrelief an den Küsten Kamtschatkas, der Kurilen und Japans stellt ein typisches Gebirgsrelief ehemals hoher Gebirgsketten dar. Das erklärt seine Kompliziertheit, die starke Zerrissenheit, die Steilheit der Abhänge. Dies alles wurde nur in geringem Grade durch die Arbeit des Meeres verwischt: Der Boden des Gelben und des Ostchinesischen Meeres dagegen ist eine ausgedehnte Alluvialebene, die aus den Anschwemmungen der Flüsse Hwang-ho und Jangtse aufgebaut wurde. Nach seinem Relief unterscheidet er sich in nichts von den rezenten Alluvialebenen, die durch die häufige Verlagerung der Flußläufe gebildet wurden. Die Wirksamkeit des Meeres bei der Reliefgestaltung hat auch hier keine nennenswerte Bedeutung.

Wie eine Bohrung zeigte, haben die Flußablagerungen am Unterlauf des Hwang-ho eine Mächtigkeit von vielen hundert Metern. Es unterliegt keinem Zweifel, daß sie eine noch größere Mächtigkeit — in der Größenordnung von 1500—2000 m — auf dem Boden des Gelben und des Ostchinesischen Meeres erreichen. Es ist möglich, daß

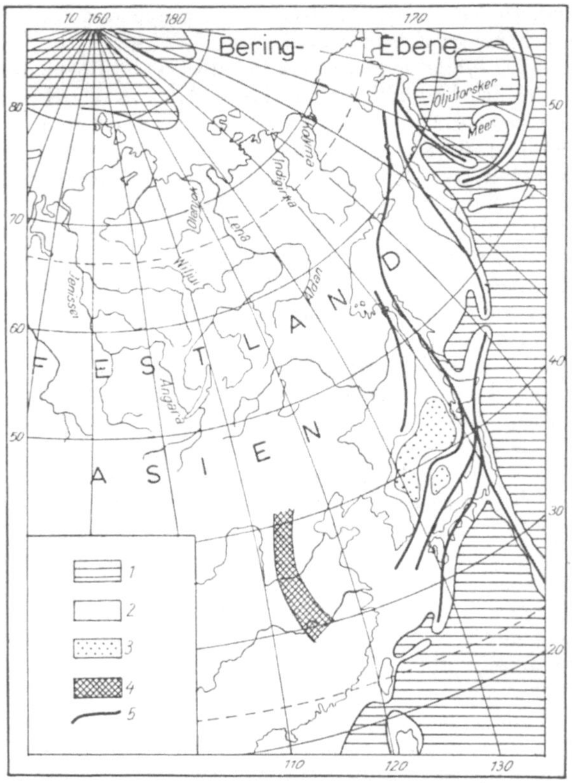

Abb. Paläogeographische Karte der Epoche der chinesischen Vergletscherung

1 — Meer, 2 — Kontinent, 3 — abflußlose Meere, 4 — Verbreitungsgebiete der Gletscherablagerungen, 5 — die Streichrichtungen der wichtigsten Faltengebirge

sich in der Höhe von Schanghai unter dieser Überlagerung Anhöhen befinden, die eine Fortsetzung der Bergketten von Südkorea und der Insel Tschedschu darstellen.

Eines vollkommen anderen Ursprungs ist das Bodenrelief des Japanischen Meeres. Hier zeigt sich ein typisches Gebirgsland mit tiefen Tälern und großen zentralen Becken. Die Becken sind von einzelnen Bergen und Bergmassiven von über 3000 m umgeben. Einige Gipfel erheben sich über den Meeresspiegel und bilden die Ullyngdo-Inseln und die Liancourt-Riffe; andere liegen 300—600 m unter dem Meeresspiegel bei einer mittleren Tiefe des Japanischen Meeres von etwa 3000 m. Auch bei dem Japanischen Meer wurde das heutige Bodenrelief über dem Meeresspiegel, durch terrestrische Erosion und tektonische Bewegungen geschaffen.

Die Unterwassercañons sind ziemlich gut erforscht, die gewöhnlichen, ertrunkenen Flußtäler weniger bekannt und die unter dem Wasser liegenden Anhöhen, Massive und Gebirge fast nicht erkundet. Besonders fremd sind diese Tatsachen den Ozeanographen, die an die Existenz einer verhältnismäßig stabilen Küstenlinie gewöhnt sind. Die Geologen aber haben sich im Gegenteil mit den zahllosen, häufig sehr schnellen und beträchtlichen Hebungen und Senkungen sowohl der Kontinente als auch des Niveaus der Ozeane vertraut gemacht. Für sie ist das auf dem Festland herausgebildete Relief des litoralen Gebietes des Meeresgrundes und sein anschließendes Absinken in Tiefen von 2000—3000 m eine grandiose, aber nicht ungewohnte Erscheinung.

Die Zerrissenheit der jetzigen Areale

Die dritte Gruppe von Anzeichen für die Senkung riesiger Festlandgebiete sind die Zerrissenheit und Auflösung der Verbreitungsgebiete vieler süßwasser- und landbewohnender Tiere. Die einzelnen Areale sind durch riesige Meeresflächen isoliert und abgetrennt. Beispielsweise leben einige artverwandte Süßwasserfische in Flüssen Japans, Kamtschatkas und Chinas, die durch ein Meer getrennt sind, das sie nicht durchwandern können. Ihre Verbreitung läßt sich nur damit erklären, daß Japan, Kamtschatka und China früher Teile eines ausgedehnten, einheitlichen Festlandes waren, durch dessen Gewässer auch die Wanderung der süßwasserbewohnenden Tiere vor sich ging.

Eine große Zahl von Beispielen solcher abgesplitterter, isolierter Bezirke ist in den Arbeiten vieler Zoologen und Ichthyologen zu finden. Die Tatsachen besagen, daß sich diese Areale Ende Pliozän — Anfang Quartär gebildet haben.

Bilder der Vergangenheit

Wie aber sah das östliche und südöstliche Grenzgebiet Asiens zu Beginn oder in der Mitte der Quartärzeit aus? Hier ein Versuch, das Relief und andere wichtige geographische Elemente dieser Gebiete zu rekonstruieren, die vor der Senkung existierten.

Zu Beginn: die Vergletscherung. Die von Prof. LI SY-GUAN gefundenen Gletscherspuren zeigen, daß sie Gebirgstalcharakter trug. Vorläufig ist es noch schwierig, ihre Ausmaße, die Länge und Form der Gletscher genau festzustellen. Die Moränenränder liegen verhältnismäßig nahe an den karförmigen Senken der Täler mit Trogcharakter. Das gestattet die Vermutung, daß die Ausmaße der Vergletscherung verhältnismäßig gering waren. Die Länge der Gletscher ging nicht über einige Kilometer hinaus und betrug öfter noch weniger.

Über die Höhenlage der Gletscherenden gibt es nur indirekte Angaben. Sie beruhen auf den Ausmaßen der Senkung ertrunkener Flußtäler. Die für diese charakteristischen Reliefformen lassen sich bis in Tiefen von 2000—3000 m verfolgen. Dementsprechend kann man vermuten, daß das Gebiet der quartären Vergletscherung in einer Höhe von nicht weniger als 2000—3000 m gelegen war. Wahrscheinlich erhoben sich die Gipfel der Massive um einiges höher, etwa 4000 bis 4500 m. In Analogie zu der heutigen Vergletscherung in Afrika und Südamerika waren die Gletscher an einige Gebirgsmassive gebunden, bedeckten jedoch keine große, zusammenhängende Fläche.

Gleichzeitig war mit der Vergletscherung eine bedeutende Abkühlung des Klimas verbunden. Das wäre eine der Ursachen, die das Auftreten der Anthropomorphen begünstigte. Es ist interessant, daß die Stelle, an der die Reste des *Sinanthropus* entdeckt wurden, nicht weit von den Vereisungsspuren im Gebiet von Moscho-kou entfernt war. Der Vergleich der Sporen-Pollen-Analyse der Moräne von Moscho-kou mit der von den Ablagerungen, die den *Sinanthropus* enthielten, ist noch nicht abgeschlossen. Deshalb kann man nur bedingt von einer Gleichzeitigkeit sprechen, die ist aber sehr wahrscheinlich.

In der Gegenwart breiten sich riesige Alluvialebenen an den Unterläufen des Jangtse und Hwang-ho aus. Sie bilden auch den Boden des Gelben Meeres und den größeren Teil des Ostchinesischen Meeres. Die sie unterlagernden Sedimente wie auch die Ebenen selbst sind geologisch sehr jung: spätquartäre oder sogar rezente Bildungen. In der Glazialepoche existierten sie noch nicht.

Die hohen Gebirgsmassive, die von einer Kappe ewigen Schnees und von Gletschern gekrönt wurden, fielen steil ab zu einer ausgedehnten, nach Osten geneigten Vorgebirgsebene. Ihre Oberfläche bildete eine aus Gesteinsschutt und Ton bestehende Wüste. Im Osten wurde diese Ebene von hohen Faltengebirgen umrahmt, die sich an der Stelle des heutigen Japan befanden.

Diese Gebirge zogen sich ohne Unterbrechung als hoher Felsengürtel weit nach Norden und Süden hin. Es ist möglich, daß auch ihre Gipfel von Gletschern bedeckt waren. Die jungen Faltengebirge Kamtschatkas vereinigten sich mit einer Hochgebirgskette, die sich an der Stelle der heutigen Kurilen-Inseln befand. Diese Gebirgskette ihrerseits vereinigte sich mit den nicht weniger hohen Gebirgszügen Japans, die in die Gebirgskämme der Ryu-kyu und weiter nach Taiwan übergingen. Die Meerenge von Taiwan bestand nicht. An ihrer Stelle erstreckte sich ein breites Flußtal.

Im Norden verschmolzen die Gebirge Kamtschatkas mit dem hohen Aleuten-Gebirgskamm, der in majestätischem Bogen nach Amerika auslief. Die Tschuktschen-Halbinsel und Alaska bildeten ein einheitliches Ganzes. Das Massiv des Anadyr-Gebirges auf der einen und die Brooks-Range auf der anderen Seite bildeten den Abschluß einer ausgedehnten Zwischengebirgsebene. Diese nahm den Platz der heutigen Tschuktschen-See und des nordöstlichen Teils des Beringmeers ein. Hier sind jetzt Tiefen von 200—400 m gemessen worden. Die Breite der Ebene, die Asien mit Nordamerika verband, erreichte 2000 km. Es war keine schmale Landenge, wofür sie bisweilen gehalten wird, sondern eine riesige Ebene. Auf ihr flossen große Flüsse, die Fortsetzung des heutigen Anadyr und Yukon. Große Seen und Sümpfe breiteten sich aus. Die Wrangel-, Diomedes- und St.-Lorenz-Inseln erhoben sich als vereinzelte Anhöhen inmitten der Ebene, ihre unendliche Einförmigkeit unterbrechend.

Für diese Ebene kann man die Benennung Bering-Ebene (Bering-Plains)[3]) vorschlagen. Ihr Relief änderte sich mit der Zeit. In der Epoche der chinesischen Vergletscherung, wahrscheinlich in der Mitte der Quartärperiode, bildete ihren nördlichen Teil — bis zu den Tschuktschen- und Seward-Massiven — eine Hochebene mit Höhen von 1000—1500 m. Der südliche Teil dagegen war Küstenniederung.

Im Süden grenzte sie an ein eingeschlossenes und ausgesüßtes Wasserbecken an, das von der tiefen südwestlichen Einsenkung des heutigen Beringmeers eingenommen wird. Es kann Oljutora-Nebenmeer genannt werden. Es war der Ostsee sehr ähnlich und stand im Westen, bei den Kommandeur-Inseln, durch einen engen und tiefen Sund mit dem Ozean in Verbindung.

Im weiteren Verlauf der Entwicklung senkte sich der Nordteil der Bering-Ebene langsam ab und wurde vom Meer bedeckt. Auf seiner Oberfläche fand fast keine jüngere Sedimentation statt. Im Südteil der Bering-Ebene dagegen sammelten sich schnell mächtige Schichtpakete von Flußablagerungen an, die vom Ur-Anadyr und Ur-Yukon oder einfach vom Anadyr und Yukon angeschwemmt worden sind.

Diese intensive Sedimentation stockte die Ebene die ganze Zeit hindurch auf, erhielt sie dabei in ihrer Lage über dem Meeresspiegel, bewirkte den Ausgleich mit dem Nordteil der Bering-Ebene und schaffte so das heutige Relief. Es ist möglich, daß der Südteil der Bering-Ebene bis in die allerjüngste Zeit Festland war, zu einer Zeit noch, als der Norden schon überflutet wurde. Wahrscheinlich riß die Verbindung zwischen Asien und Amerika erst ganz zum Schluß ab, am Ende des Holozäns, vor 5000—6000 Jahren.

Noch eine Bemerkung zu den Gebirgsketten, die den Stillen Ozean im Westen umsäumen. Hinsichtlich ihrer Lage, ihrer gewaltigen Ausdehnung und des Reliefaufbaus erinnern sie an die Gebirge, die den Stillen Ozean im Osten umsäumen. Aber während sich jetzt hinter den westlichen Gebirgsketten Binnenmeere anordnen, liegt zur gleichen Zeit hinter den östlichen — auf dem amerikanischen Kontinent — Festland.

Wie schon gesagt, erklärt sich das aus den jungen Senkungen des Küstengebietes am Stillen Ozean. Zur Zeit der chinesischen Vereisung, vor Beginn der Senkung, war die Morphologie der Westküste der Morphologie der heutigen Ostküste, die keine Senkung erfahren hatte, sehr ähnlich.

Entlang der ganzen Westküste des Stillen Ozeans zog sich ein ununterbrochener Wall von Gebirgsketten hin, die sich parallel anordneten und einander ablösten. Er begann bei der Mündung des Anadyr an der Stelle des Korjaken-Gebirges und erstreckte sich bis zum Taiwan-Massiv. Stellenweise waren die Gebirge breiter, westlich von ihnen lag Festland, wie z. B. im Westen von Kamtschatka und im Westen von Japan. Stellenweise auch verengten sie sich und wurden sogar durch schmale Meerengen unterbrochen, die den Ozean mit den Binnenmeeren verbanden.

Solche Binnenmeere und Meerengen sind im Südostteil des heutigen Ochotskischen Meeres und im Südteil des Ostchinesischen Meeres zu finden. Unklar ist die Frage, was zur Zeit der Vereisung das jetzige breite und tiefe Becken des Japanischen Meeres darstellte. Wahrscheinlich war es Festland, ein ausgedehntes, abflußloses Innenbecken, in dem sich eine Reihe von Gebirgsmassiven und einzelnen Bergen befanden. Das Eindringen des Meeres ereignete sich erst in jüngster Zeit, nicht vor dem Holozän; fehlen doch an den Küsten des Sichote-Alin und Koreas marine Ablagerungen aus der ersten Hälfte der Quartärperiode.

Die große Umwälzung

Möglicherweise war das Eindringen des Ozeans in das Japanische Meer eine außergewöhnliche, katastrophenartige Erscheinung. Die alten Wasserscheiden, die diese Ebene umgeben, sind um 3000—2500 m höher als ihr Boden. Das bedeutet, daß das Meer, als es diese zu überfluten begann, ein drei Kilometer unter seinem Spiegel gelegenes Becken ausgefüllt hatte. Wie diese Ausfüllung selbst vor sich ging, kann man sich schwer vorstellen. Heute jedenfalls gibt es nichts ähnliches. Es ist nicht ausgeschlossen, daß mächtige Sturzfluten von Meerwasser von den Flanken der Wasserscheiden an den Stellen herabstürzten, wo jetzt die Korea-, Tataren- und La-Perouse-Straße liegen, möglicherweise auch zwischen den Inseln Japans. Anfangs glichen diese Sturzfluten gigantischen Flüssen, die stürmische Strom-

[3]) In dem interessanten Artikel des alaskischen Geologen D. M. HOPKINS (Science, Vol. 129, 1959, Nr. 3362) wird diese Ebene unter der Bezeichnung „Bering-Tschuktschen-Plattform" bschrieben.

schnellen und Wasserfälle bildeten. Danach ergossen sich die Wasser in geschlossener Front kilometerbreit, möglicherweise bis einige zehn Kilometer. Mit dem Meereswasser muß auch die in ihm lebende Fauna hereingeströmt sein. Was geschah mit den landbewohnenden Tieren, die auf der Sohle und an den Hängen der Senke lebten? Hatte doch zu dieser Zeit auch die Entwicklung des Menschengeschlechtes schon einen hohen Stand erreicht. Es waren bereits wirkliche Menschen aufgetreten.

Die Ungewöhnlichkeit dieser Situation ist derartig groß, daß viele einsichtsvolle Geologen Zweifel hegen, daß die Senkung selbst überhaupt erfolgt sei. Aber die Tatsachen sprechen nun einmal eine eigene Sprache.

Es ist überhaupt an der Zeit, sich an den Gedanken zu gewöhnen, daß es im Laufe der Erdgeschichte viele Erscheinungen gab, die man jetzt nicht beobachten kann, großartige und vollkommen ungewöhnliche Geschehnisse. Es ist nur gut, daß Erscheinungen um so seltener auftreten, je ungewöhnlicher sie sind, aber gleichwohl ereigneten sie sich.

Gewöhnlich laufen an der Erdoberfläche die Vorgänge der Veränderung langsam und allmählich ab. Daran haben wir uns gewöhnt. Die Langsamkeit ist uns vertraut. Aber wenn es langsame Prozesse gibt, dann muß es auch plötzliche geben, grandiose und katastrophenartige. Zu diesen sind wir auch geneigt, die junge Senkung im Osten des asiatischen Kontinents zu rechnen.

Zusammenfassung

Verf. schildert, ausgehend von den epochemachenden Entdeckungen des chinesischen Geologen Prof. LI SY-GUAN, Einzelheiten der überaus interessanten, jüngsten Geschichte des asiatischen Kontinents. Die Vereisungserscheinungen im Quartär bilden die Voraussetzung für die Forderung nach der Absenkung einer riesigen Kontinentalmasse in eine Tiefe von 3000—4000 m. Den Beweis hierfür führt Verf. 1. mit der flächenhaften Vereisung; 2. mit dem tief unter den heutigen Meeresspiegel versunkenen, ehemaligen Oberflächenrelief; 3. mit der übereinstimmenden Fauna und Flora weit auseinanderliegender Inseln und Inselgruppen.

Резюме

Исходя из эпохальных открытий китайского геолога проф. Ли Сы-Гиан, автор описывает подробности чрезвычайно интересной самой недавней истории азиатского континента. Явления оледенения в четвертичном периоде составляют предпосылку для требования по опусканию огромной континентальной массы на глубину в 3000 до 4000 м. Автор приводит следующие доказательства для этого: 1. площадное оледенение; 2. бывший потонувший рельеф поверхности, находящийся глубоко под современным уровнем моря; 3. соответствующие фауна и флора расположенных далеко друг от друга островов и островных групп.

Summary

Proceeding from the epoch-making discoveries of the Chinese geologist Prof. LI SY-GUAN, the author describes details of the extremely interesting latest history of the Asiatic continent. Glaciation processes in the Quaternary are the condition of the demand for a drop of a huge continental shield into a depth of 3,000 to 4,000 metres. In proof of his assertion the author brings forward 1. a surface glaciation; 2. a former surface relief deeply sunk below the present-day sea-level; 3. a uniform fauna and flora of islands and groups of islands lying far asunder.

Tektonische Strukturen und Erdölgebiete der Arktis

HANS HAVEMANN, Berlin

Die Arktis, deren submarine Geologie unter dem Eise verborgen liegt, stellt der künftigen geologischen Forschung noch sehr große Aufgaben. Im vergangenen Jahrzehnt sind aber erhebliche Fortschritte zu verzeichnen, und das Tempo des Vordringens beschleunigt sich. Dabei hat das wachsende Interesse für die potentiellen und die als solche bereits erkannten Erdölgebiete an den Rändern der Arktis und bis weit in die meerbedeckten Bereiche hinein erheblich mitgewirkt. Daß das Interesse für so schwer zugängliche Gebiete trotz des in günstigeren Breiten reichlich vorhandenen Erdöls so groß ist, erklärt sich vor allem aus dem Ölbedarf der arktischen Flughäfen, die die transarktischen Fluglinien zu versorgen haben. Ein Ölgebiet wie das von Spitzbergen ist auch von den europäischen Märkten nicht zu weit entfernt. Für die nordsibirischen Ölgebiete, auch die der Inseln und der submarinen Bereiche, gilt das gleiche hinsichtlich der Sowjetunion. Nordgrönland und die nördlichsten kanadischen Inseln, die bisher nicht ernstlich in Betracht kamen, sind zu Gebieten der Suche nach Erdöl geworden. Auf den letzteren Inseln werden sogar von interessierten Gesellschaften bereits Abschnitte gepachtet. Auf Spitzbergen sind 1960 von den großen Ölgesellschaften spezialisierte geologische Untersuchungen in Gang gebracht worden. Eine Produktion von wirtschaftlichem Ausmaß gibt es zwar nur erst in Alaska, aber die heutige Technologie ist in der Lage, die nötigen Untersuchungen auch in den nördlichsten Randbereichen der Arktis durchzuführen. In welchem Umfang bei extremer Kälte gearbeitet werden kann, weiß man seit dem Kriege. Auch tiefreichender Dauerfrost ist kein unüberwindliches Hindernis.

Tektonische Kartierung der Arktis

Die Fortschritte in der tektonischen Erforschung der Arktis sind in erster Linie sowjetischen, aber auch amerikanischen Forschern zu verdanken. Eine erste tektonische Karte veröffentlichte schon 1935 N. S. SCHATSKIJ. Das weitgehend hypothetische Schema dieser Karte bildet die Grundlage zu den weiteren Untersuchungen, die 1960 zu der vom Geologischen Institut der Akademie der Wissenschaften der UdSSR zusammengestellten Karte im Maßstab 1:7000000 führten, die sich besonders auf die Konzeption von W. W. BELOUSSOW stützt. Die Interpretation der Tektonik der zur Sowjetunion gehörenden bzw. der ihr benachbarten Gebiete schließt sich eng an die 1956 veröffentlichte tektonische Karte der UdSSR im Maßstab 1:5000000 an. Von amerikanischer Seite wurde 1961 („World Oil", 1. Febr. 1961, S. 28) eine tektonische Karte veröffentlicht, in deren Erläuterungen (von L. SMIRNOW) besonders auf die potentiellen ölhöffigen Gebiete Bezug genommen wird. Die sowjetische Karte ist weitaus detaillierter als der amerikanische Entwurf; sie verzeichnet auch relative Tiefen von Tafeloberkanten und Strukturschichten und auf den Landgebieten Isolinien, Streichrichtungen und Hauptspalten.

Grundsätzliche Auffassungen über den tektonischen Charakter der Arktis

Der sowjetischen Karte von 1960 liegt die Auffassung zugrunde, daß der arktische Raum in der Hauptsache von zwei großen versenkten kristallinen Tafeln eingenommen wird. Diese werden durch eine weite Faltungszone getrennt, welche die strukturellen Elemente des arktischen Archipels von Kanada und die von Nordasien miteinander verbindet. Als Kernstück dieser Zone verzeichnet die Karte den von nördlich der Neu-Sibirischen Inseln über den Pol hinweg bis in den Bereich von Ellesmere-Land westlich Nordgrönland laufenden Lomonossow-Rücken. Die große Ähnlichkeit der paläozoischen Ablagerungen auf der kanadischen und der sibirischen Seite (gleiche Mächtigkeiten, gleiche tektonische

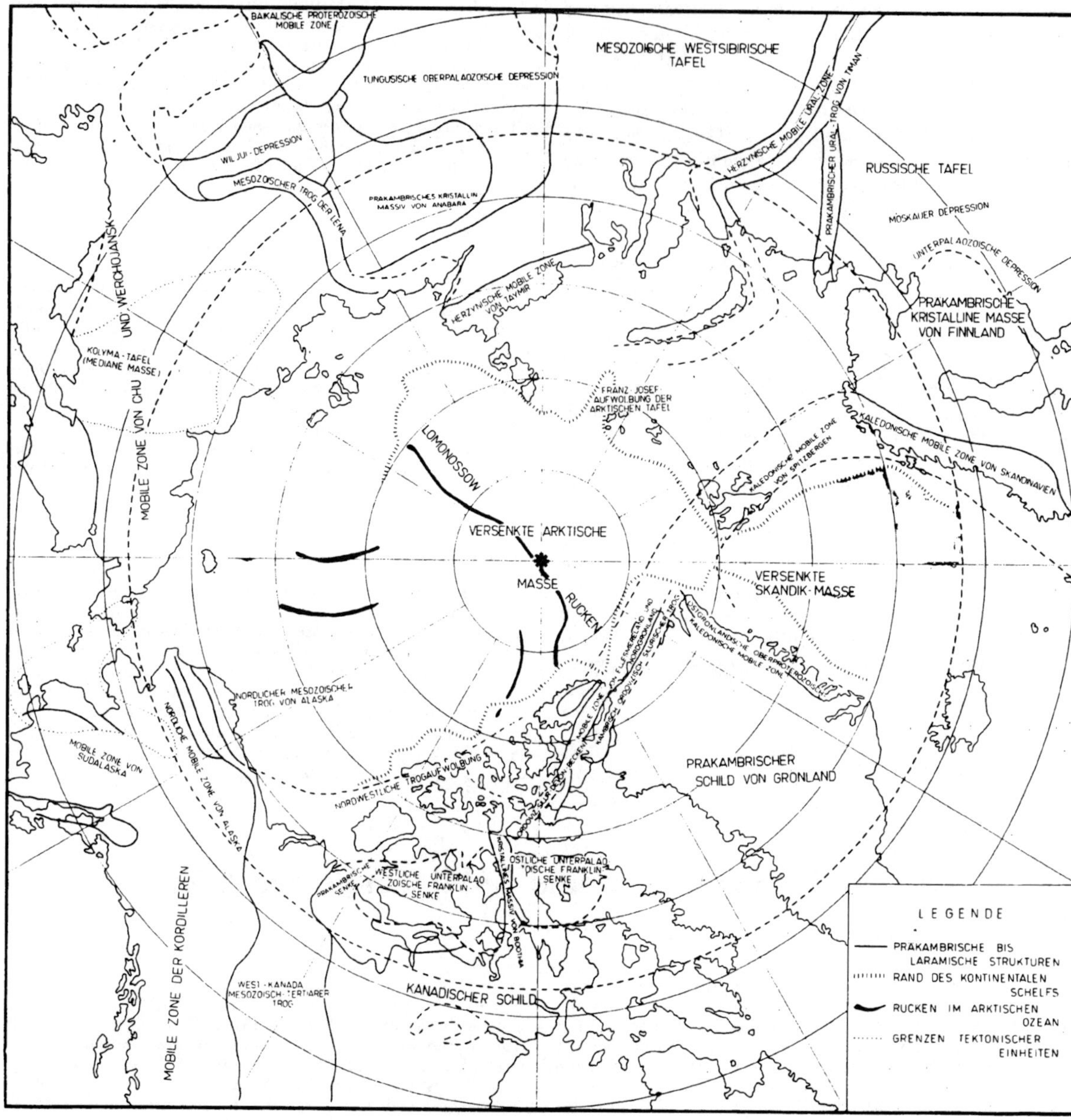

Tektonische Strukturkarte der Arktis

Formen, gleicher Grad der Metamorphose) ist eine Hauptstütze für die Annahme einer solchen Zone. Die im wesentlichen meridionale Streichrichtung der tektonischen Elemente der Zone schwenkt bei Annäherung an die kanadischen Inseln in die eines den Rand des Archipels im NW begleitenden Troges ein. Die sowjetischen Geologen schließen aus der gesamten Tektonik im arktischen Bereich, daß die Tiefseedepressionen, die einen kleineren Raum einnehmen als die benachbarten Schelfgebiete und im Vergleich mit den umgebenden Kontinenten recht unbedeutend sind, erst vom Ende des Mesozoikums ab durch Versenkung kontinentaler Gebiete entstanden sind. Die Senkungsbewegung wird u. a. dadurch bestätigt, daß das Schelfgebiet im sowjetischen Teil der Arktis nach sowjetischen Feststellungen erst durch quartäre Transgressionen entstanden ist. Ferner deutet das sehr zerschnittene Relief der Lomonossow-Kette auf ein relativ rezentes Absinken. Die amerikanischen Geologen nehmen an, daß diese mit ihrem Kamm nur etwa 1800 m unter NN liegende Kette entweder rezent abgesunken oder durch laramische Vertikalbewegungen in einer kaledonischen oder schon proterozoischen mobilen Zone in etwa ihrer jetzigen Höhe entstanden ist. Die arktische Hauptmasse halten sie ebenfalls für ein altes Tafelgebiet.

Die Erdölbecken der Arktis

Als ölhöffige Gebiete kommen vor allem die mit paläozoischen und mesozoischen Sedimenten gefüllten Tröge in Frage, die sich teils in mobilen Zonen der Schelfe am Rande von Kontinenten und Inseln bzw. auf der Landseite dieses Randes, teils in zwischen Schelfen und Tiefseebecken laufenden mobilen Zonen finden. Insbesondere sind die in allen diesen Trögen vorkommenden Evaporit-Ablagerungen und Riffe von Interesse, da in diesen bekanntlich Erdölakkumulationen zu erwarten sind. Es handelt sich um Evaporite von präkambrischem, kambrischem, ordovizischem, silurischem, devonischem und karbonischem Alter. Sie sind häufig mit Salzstrukturen verbunden. So finden sich u. a. auf oberproterozoischen Sedimenten von Victoria-Land Evaporite, ferner im Bereich karbonischer Riffe des am Nordrand von Ellesmere-Land laufenden Troges sowie im Oberdevon von Ostgrönland und ebenfalls in den paläozoischen Sedimenten der Tröge am Rande der Russischen Tafel. Auf den gesamten versenkten Teilen der alten Tafeln im Umkreis der Arktis (kanadisch-grönländischer Schild, russisch-sibirische Tafel, hypothetische Skandik-Tafel) kommen ölhöffige Sedimentbecken in Frage.

L. SMIRNOW unterscheidet vier Grundtypen von Erdölbecken der Arktis:

1. Becken, die zur arktischen Hauptmasse gehören;
2. Becken in Trögen auf der Südseite mobiler Randzonen;
3. Becken an der Nordflanke der großen Tafeln;
4. Becken auf medianen Massiven innerhalb der mobilen Zonen.

Bei den zur arktischen Hauptmasse gehörenden Becken unterscheidet SMIRNOW:

1. an Vortiefen geknüpfte Becken;
2. an Ränder der arktischen Masse geknüpfte Becken;
3. der arktischen Masse selbst zugehörige Becken.

Regionale Ergebnisse

Die strukturellen Bedingungen, unter denen im Bereich des kanadischen Archipels, Grönlands und benachbarter, noch nicht durch Bohrungen untersuchter Gebiete Ölakkumulationen entstanden sind bzw. sein dürften, bezeichnet SMIRNOW als außerordentlich komplex. Proterozoische, kaledonische, variszische und — in geringerem Maße — laramische tektonische Bewegungen haben schwer entwirrbare Gefüge von Überlagerungen, Überschneidungen und mannigfachen Streichrichtungen geschaffen. Auch die über große Zeiträume verteilten Zeitspannen der Ablagerung und späteren Umlagerung von Salzen und anderen Evaporiten sowie In- und Extrusionen komplizieren das Bild. Da die strukturellen Entwicklungen fast überall aus der Konfiguration und den Bewegungen der Basis verstanden werden müssen, sind die proterozoischen Bewegungen zumeist von entscheidender Bedeutung. Vielfach sind die proterozoischen Strukturen kaledonisch überprägt und zeigen dann meist N—S-Streichrichtung; so z. B. auf der Insel Cornwallis, wo sich jedoch auch E—W streichende variszische Strukturen finden.

Eine frühproterozoische Geosynklinalzone erstreckte sich von Ellesmere-Land über Nordgrönland und Spitzbergen nach Skandinavien und trennte die arktische Masse vom kanadisch-grönländischen Schild. Sie teilte sich im Westen in zwei Zweige, von denen der nördliche nach Alaska, der südliche südwestwärts verläuft. In einem Becken zwischen Boothia und der Victoria-Insel lagerten sich im Proterozoikum mächtige Dolomit- und Kalksteinschichten ab, denen Evaporite aufliegen. Der Südteil des südlichen Zweiges, der kaledonisch nicht überprägt wurde, weist nur breite flache Undationen auf und könnte sehr erhebliche Ölakkumulationen enthalten. Der nördliche Zweig, der am Rande der arktischen Masse verläuft, wurde mit karbonischen Sedimenten gefüllt und könnte einige Riffe enthalten. Zwischen den beiden Zweigen befindet sich eine mit mächtigen oberpaläozoischen Sedimenten gefüllte Senke, längs deren mit dem nördlichen Zweig paralleler Achse von Evaporiten Diapire gebildet wurden. Dieser tiefe Trog von Tafeltyp ist sehr ähnlich der Wiljui-Senke auf der Sibirischen Tafel, wo in den Salzstrukturen große Öl- und Gasvorräte gefunden wurden. Wichtig für die genannte kanadische Senke sind auch die zahlreichen, meist olivinbasaltischen Intrusionen, welche die Bildung von Fallen begünstigt haben können.

Eine umfassende geophysikalische Erkundungsarbeit wird zu der weiteren geologischen Erforschung aller dieser Gebiete hinzukommen müssen.

Literatur

PUSCHAROWSKY, YU. M.: Probleme der Tektonik der arktischen Zone. Erläuterung zur tektonischen Karte der arktischen Zone im Maßstab 1:7000000. — Geolog. Inst. Akad. Wiss. UdSSR, Moskau 1960.
SMIRNOW, L.: Oil basins surround the Arctic Ocean. — World Oil, Febr. 1961, S. 27—32.

Besprechungen und Referate

NEKRASSOW, I. I. & K. W. JABLOKOW

Grundzüge der Metallogenie des Gebirges von Ulachan-Sis in Nordostjakutien

„Geologija rudnych mestoroshdenij", H. 2, 1961, S. 79—89

Der Gebirgszug von Ulachan-Sis befindet sich zwischen den beiden Flüssen Indigirka und Alaseja in Jakutien. Strukturell ist er mit der Verbindungsstelle des Polousensker Neben-Antiklinoriums am Zentralmassiv von Kolyma mit dem Polousensker Synklinorium des mesozoischen Faltengebietes von Werchojansk-Tschukotska verbunden. Das Nebenantiklinorium im Gebirgszug von Ulachan-Sis besteht aus einer Serie von Kalken, Kalk-Ton- und Kohle-Kalk-Schiefer (Silur und Devon) von etwa 900 m Gesamtmächtigkeit. Im Unterschied zur Werchojansk-Tschuktschen-Faltungszone sind im Gebirge von Ulachan-Sis endogene Kobalt- und Molybdän-Vorkommen weit verbreitet, während Zinn-Wolfram-, Gold-Arsen- und Blei-Zink-Vererzungen zurücktreten. Die vorkommenden Vererzungen kann man wie folgt einteilen und charakterisieren.

Sn-W-Vererzung: 0,1—0,7 m mächtige Gänge, sehr selten auch pegmatitische Schlieren (Zinnstein, Wolframit).

Mo-Vererzung: 0,1—0,8 m mächtige Gänge mit 20 bis 35 m streichender Erstreckung. Mineralisation: hauptsächlich Molybdänglanz, Wismut und Wismutglanz. In den oberen Horizonten überwiegt Wismut. Nach der Teufe zu erlangt Molybdän größere Bedeutung.

Pb-Zn-Vererzung: In verschiedenen Skarnen als Imprägnationen und kleinen bis zu 5 cm mächtigen Trümern; außerdem Lager von 0,2 bis 1,5 m Mächtigkeit, die bis zu 300 m Erstreckung aushalten können. Bleiglanz, Zinkblende, Arsenkies, Magnetkies und Kupferkies können bis zu 25% des Stoffbestandes der Skarnlager ausmachen.

Au-As-Vererzung und Co-Ni-Vererzung: Ebenfalls an Skarne gebunden. Die Erzkörper bestehen aus mächtigen linsenförmigen Lagern bis 10 m Mächtigkeit und 30—150 m Erstreckung. Diese Lager sind gleichzeitig reich an Co- und Ni-Sulfiden und Arseniden (Safflorit, Kobaltglanz, Gersdorffit u. a.). Gold ist in Arsenkies und Löllingit emulsionsartig eingesprengt, seltener gediegen. Auf diese Weise können die Au-As-Lagerstätten in Co-Lagerstätten übergehen. An der Zusammensetzung dieser Skarne sind beteiligt: Granat, Diopsid, Plagioklas, Wollastonit, Vesuvian und Axinit; je nach dem Überwiegen einzelner Komponenten kann man verschiedene Skarn-Typen unterscheiden.

Es gelang den Autoren, folgende Gesetzmäßigkeiten in der Vererzung des genannten Gebietes nachzuweisen:

1. Es sind zwei Gruppen von Erzvorkommen vorhanden, die räumlich und genetisch mit entsprechenden unterschiedlichen Intrusionskomplexen verbunden sind und sich auch durch ihre petrographische Zusammensetzung und Lagerungsbedingungen unterscheiden:

a) Zur ersten Gruppe, die mit den oberjurassisch-unterkretazischen Granitoiden des Ulachan-Sis-Intrusivs verbunden ist, gehören die Sn-W-Vererzungen der Zinnstein-Quarz- und der Zinnstein-Sulfid-Formation, das Mo der Mo-Formation sowie die Co-Skarn-Vererzungen.

b) Die zweite Gruppe ist mit oberkretazischen Monzonit-Intrusionen verknüpft; dazu gehören Au-As- und Pb-Zn-Vererzungen sowie kleinere Vorkommen an Quecksilber und Zirkon.

2. Die Verteilung von Erzvorkommen der ersten Gruppe wird durch den nördlichen flacheinfallenden Kontakt des lagerartigen Ulachan-Sis-Intrusivs und seiner kuppelartigen Aufwölbung deutlich kontrolliert. Sehr charakteristisch ist, daß am südlichen Kontakt, d. h. im Liegenden des Granitoid-Massivs, eine Vererzung praktisch fehlt. Deshalb stellt die Form dieses Intrusivs den Hauptfaktor für die Verteilung endogener Erzvorkommen der ersten Gruppe dar. Das kann als wichtigstes Erkundungsmerkmal bei der Beurteilung der Vererzung in den Gebieten des benachbarten Polousnij-Gebirges und überhaupt im Nordosten der UdSSR gelten.

3. Die Verteilung der Au-As- und der Pb-Zn-Vererzung wird dagegen durch tektonische Schwächezonen kontrolliert, die mit steileinfallenden Kontakten von stockwerk- und gangartigen Monzonit-Intrusionen zusammenfallen; wobei es gleichzeitig zur intensiven Bildung von Skarnen und hydrothermal veränderten Effusiva kommt. Es ist unbedingt darauf zu achten, daß in allen Vorkommen der Au-As-Formation gediegen Gold als fein disperse Beimengung in Arsenkies, Löllingit und Pyrit vorkommt, das bei der Probenahme leicht übersehen werden kann.

H. SCHULZ

MIRTSCHING, A.

Die Blei-Zink-Erzlagerstätten der Sowjetunion

„Erzbergbau und Metallhüttenwesen", Bd. XV (1962), S. 37—42

Verf. gibt auf Grund des sowjetischen Schrifttums eine umfassende Übersicht über die Blei-Zink-Erzlagerstätten der Sowjetunion, die in bezug auf die Vorräte an Blei-Zink-Erzen den ersten Platz in der Welt einnimmt. Kasachstan, in dem die bedeutendsten Lagerstätten liegen, liefert 75% der gesamten Blei- und 40% der gesamten Zinkproduktion. In den zahlreichen Erzlagerstätten der Sowjetunion, die sich auf ein Territorium von etwa 22,4 Mill. km² verteilen, sind alle genetischen Typen der Blei-Zink-Erze vertreten. Wirtschaftlich besonders wichtig sind die Blei-Zink-Pyrit-Erze, die den Vorkommen vom Rammelsberg am Harz ähneln. Sie kommen im Ural, Altai in Transkaukasien,Zentralkasachstan, Westsibirien und Mittelasien vor und vereinigen auf sich etwa 40% der Blei- und 77% der Zinkvorräte des Landes. Sehr bedeutsam sind weiter die Blei-Zink-Vorkommen in sedimentären Dolomiten und Kalken, die 33% der Blei- und 11% der Zinkerze der Sowjetunion ausmachen. Solche Lagerstätten finden sich in Zentral- und Südkasachstan sowie in Transbaikalien. Beachtung verdienen aber auch die Skarnerze, die an Kontakten zwischen sauren magmatischen Gesteinen und Kalk-Dolomiten in Mittelasien, den Fernostgebieten usw. auftreten, sowie die hauptsächlich im Nordkaukasus anzutreffenden Blei-Zink-Gänge.

Die Lagerstätten im Ural sind vor allem für die Zinkgewinnung wichtig. Zinkblende tritt hier als wesentliche Beimengung in ausgedehnten Vorkommen von Kupfer-Pyrit-Erzen auf, die auf etwa 1000 km Erstreckung in sauren paläozoischen Effusiven vorliegen.

Die meisten Vorkommen am Nordhang des Kaukasus gehören dem sog. „polymetallischen Gürtel von Sadon" an. Verf. gibt einen Überblick über den Bau der Antiklinalfalte von Sadon, bespricht die Paragenese und Gehalte der bei Sadon auftretenden Erze und beschreibt weitere wichtige kaukasische Lagerstätten.

Die Blei-Zink-Lagerstätten am Südhang des Großen Kaukasus und im Kleinen Kaukasus sind hauptsächlich mit vulkanischen Formationen (mesozoischen und tertiären Porphyriten und Tuffen) verbunden und ähneln in dieser Beziehung den Vorkommen des Urals. Die selteneren metasomatischen Körper und Gänge in Kalken und sonstigen sedimentären Gesteinen gehören zum größten Teil dem mesothermalen Bereich an.

Bei den kasachischen Lagerstätten, die für die Wirtschaft der Sowjetunion von erstrangiger Bedeutung sind, unterscheidet man im „Altai-Revier" die etwa 175 km lange westliche Zone des „Rudnyj Altai" mit über 150 Vorkommen, davon 13 größeren Lagerstätten, von einer etwa 70 km östlicheren Erzzone des „Rudnyj Altai". Verf. beschreibt den geologischen Aufbau einiger wichtiger Lagerstätten des „Rudnyj Altai", berichtet u. a. über die Mineralführung weiterer Lagerstätten Ost- und Südkasachstans und ebenfalls über zentralkasachische Lagerstätten.

Nach der Besprechung der bedeutendsten Blei-Zink-Vorkommen Westsibiriens und Mittelasiens, wobei für Mittelasien das Vorwalten des Bleis gegenüber dem Zink in polymetallischen Erzen typisch ist, wird abschließend über das kompliziert aufgebaute Gebiet Ostsibiriens berichtet.

DRESSEL

PETROSAN, E. W.

Besonderheiten des geologischen Baues und der stofflichen Zusammensetzung eines Erzvorkommens der Uran-Titan-Formation

„Sowjetskaja Geologia", Nr. 11, 1961, S. 64—72

Der Autor beschreibt ein Uranerzvorkommen der UdSSR, das der sogen. Uran-Titan-Formation (Davidit-Formation) angehört. Die wirtschaftliche Bedeutung dieses Lagerstättentyps ist zwar nicht so groß wie die der niedrigthermalen U-Lagerstätten (etwa Typ Erzgebirge) oder der verschiedenartigen sedimentären und metamorphen Lagerstätten; trotzdem stellen derartige Erzvorkommen, wegen ihres relativ hohen U-Gehaltes (0,1—0,3%) und wegen der Möglichkeit einer gleichzeitigen Gewinnung von Titan und Seltenen Erden, lohnende Abbauobjekte dar. Der Lagerstättentyp, der vor allem durch die Beispiele von Radium Hill (Südaustralien) und Tete (Moçambique) bekannt geworden ist, wird besonders durch die enge Bindung der reichsten Erzfälle an basische Gesteine (Amphibolite, Norite u. a.) gekennzeichnet.

Das vom Autor beschriebene Erzvorkommen liegt in einem Gebiet stark metamorpher präkambrischer Gesteine, in das kleine paläozoische Intrusionskörper von Graniten, basischen und ultrabasischen Gesteinen sowie junge Granit- und Lamprophyrgänge eingedrungen sind. Die Falten der metamorphen Serie streichen vorwiegend in NW-Richtung. In mächtigen Stauchungs- und Klüftungszonen (2—3 km Breite) treten Migmatisierungserscheinungen und metasomatische Veränderungen der präkambrischen Gneise auf. Die Metasomatite liegen als Gesteine vom Typ porphyroblastischer Granite mit Th- und TR-Mineralisation (Orangit, Thorit, Monazit) vor. Die U-Ti-Mineralisation tritt in einem Bereich auf, in dem eine der Stauchungs- und Klüftungszonen eine Serie archaisch-proterozoischer Gneise, Amphibolite und Schiefer durchsetzt. Die Spalten und Klüfte werden als Zufuhrkanäle der U-Mineralisation betrachtet.

Das eigentliche Gebiet der Erzvorkommen ist durch das Auftreten von Biotit-Quarz-Plagioklas-Gneisen, quarzfreien Plagiogneisen, Plagioklasiten und Orthoamphiboliten gekennzeichnet. Die Erzminerale treten in Form von unregelmäßigen Linsen und Nestern im Bereich der Klüfte und Spalten auf und sind an die metasomatischen Plagioklasite und leukokrate Varietäten der Orthoamphibolite geknüpft.

Die Zusammensetzung der Erze ist relativ kompliziert. Es treten Davidit, Ilmenit, Chromit, TR-haltiger Titanit, Uranoxyde (Uraninit und Pechblende), verschiedene Sulfide und sekundäre U-Minerale (Uranophan, Vanadate u. a.) auf. Das hauptsächliche Erzmineral ähnelt in seiner Zusammensetzung und in röntgenographischer Hinsicht dem Davidit von Tete und besteht aus Fe_2O_3 — 20,96%; TiO_2 — 51,2%; U_3O_8 — 8,5%; Cr_2O_3 — 5% (mechanische Beimengungen von Chromit); ThO_2 — 0,15%. Außerdem enthält das Mineral PbO — 1,58%; V_2O_5 — 2,3%; Sc, TR (vor allem La) — 5,5%.

Es wird eine hochtemperierte hydrothermal-metasomatische Genese angenommen, die mit den Prozessen der Na-K-Metasomatose verbunden ist. Während Uran durch Lösungen zugeführt wurde, hat Titan in den dunkelfarbigen Mineralen der Amphibolite und Gneise bereits vor der U-Mineralisation vorgelegen.

E. HARLASS

W. A. NEWSKY

Die Struktur postmagmatischer Erzfelder und Lagerstätten von Thorium und Seltenen Erden

„Iswest. wyssch. utschebn. sawedenij — geologia i raswedka", 1961, H. 9, S. 57—66 (russ.)

Die in der letzten Zeit in mehreren Ländern immer zahlreicher aufgeschlossenen postmagmatischen Th-TR-Lagerstätten besitzen wegen ihrer teilweise recht hohen Konzentration an Seltenen Erden eine große wirtschaftliche Bedeutung. Für die Mehrzahl dieser Lagerstätten ist ihre enge räumliche und genetische Bindung an Alkaligranite, an basische und ultrabasische Alkaligesteine sowie an Syenite kennzeichnend. Die Lagerstättenbildung ist an komplizierte, aus mehreren Stadien bestehende Entwicklungsprozesse der Instrusionen und der Bruchtektonik gebunden. Die Mineralisation besteht aus Silikaten und Oxyden von Thorium sowie aus Phosphaten, Karbonaten, Fluorkarbonaten und Tantaloniobaten von Seltenen Erden und tritt vorwiegend in frühen hochtemperierten Stadien auf. Als Begleitminerale treten Quarz, Feldspäte, Biotit, Phlogopit, Alkali-Hornblenden und -Pyroxene, Apatit und dunkler Fluorit in Erscheinung. Häufig ist eine Überprägung durch niedriger temperierte Mineralisationsstadien (Sulfide, Magnetit, Hämatit mit Baryt, Karbonate, hellen Fluorit u. a.) zu beobachten, die meist mit einem deutlich entwickelten Zoning verbunden ist.

Die Erzfelder und Lagerstätten sind fast ausnahmslos an große, tiefreichende und sehr alte Bruchzonen regionalen Charakters geknüpft, die den intrudierenden Magmen als Aufstiegsweg dienten und in den späteren tektonischen Bewegungsphasen die Spalten für den Absatz der Vererzung lieferten. Es lassen sich mehrere Strukturtypen unterscheiden, wobei die Vererzung (und meist auch die Intrusionskörper) in Kreuzungs- oder Scharungsbereichen zweier Störungen, an fächerartigen Auftrümerungen von Bruchzonen, in Bereichen, in denen die Störungen ihre Streichrichtung ändern oder in denen sie bestimmte antiklinale Faltungsbögen bzw. die Vererzung begünstigende Gesteinshorizonte durchsetzen, anzutreffen sind. Dabei entstehen sehr unterschiedliche und vielgestaltige Erzkörper (normale Gänge, Brekzienzonen, stockwerkartige oder lagerförmige metasomatische Bildungen usw.). Die einzelnen Strukturtypen und die verschiedenen Formen der Erzkörper werden eingehend beschrieben und anhand einiger Abbildungen erklärt.

Lagerstätten, die an ultrabasische Alkaligesteine gebunden sind, zeichnen sich durch reiche Erze aus, in denen die Cer-Gruppe überwiegt, während die Yttrium-Gruppe vor allem in Lagerstätten vorherrscht, die an Alkaligranite geknüpft sind. E. HARLASS

ADLER, R., W. FENCHEL & A. PILGER

Statistische Methoden in der Tektonik II. Das SCHMITDsche Netz und seine Anwendung im Bereich des makroskopischen Gefüges

Clausthaler Tektonische Hefte, Heft 4; herausgegeb. v. A. PILGER, Clausthal-Zellerfeld, Dezember 1961; 111 S. m. 79 Abb., Preis 9,60 DM

Die Benutzung des SCHMIDTschen Netzes für die Darstellung und Auswertung geologisch-tektonischer Meßdaten darf heute nicht auf den gefügekundlich ausgerichteten Geologen beschränkt bleiben, sondern die Anwendungsmöglichkeiten des flächentreuen Netzes müssen allen Geologen bekannt sein. Der Grund hierfür ist darin zu sehen, daß durch den Gebrauch des flächentreuen Netzes geologisch-tektonische Aussagen von wesentlicher Bedeutung auf oft einfache Weise zu gewinnen sind.

So können z. B. nachträglich verstellte Transgressionsflächen transformiert werden, um das ursprüngliche Streichen und Fallen der diskordant überlagerten Schichten zu erhalten. Oder ein anderes häufigeres Beispiel: Aus einem Aufschluß an der Flanke einer Großfalte kann das Streichen und Abtauchen der Faltenachse nicht direkt ermittelt werden. Dies ist jedoch leicht konstruktiv mit Hilfe des SCHMIDTschen Netzes möglich. Bei einer größeren Anzahl von Schichtflächenbestimmungen können auch Aussagen über die Vergenz einer Falte gewonnen werden.

Die bisher zu geringe Verwendung des SCHMIDTschen Netzes liegt zum Teil darin begründet, daß eine „Gebrauchsanweisung" für die Verwendung des Netzes in allen theoretisch und praktisch möglichen Fällen fehlte. Eine solche Anleitung liegt jetzt in Heft 4 der Clausthaler Tektonischen Hefte vor. Behandelt wird die Anwendung des flächentreuen Netzes im Bereich des makroskopischen Gefüges (S. 1—72). Als Anhang sind 19 der Literatur entnommene typische Beispiele (S. 73—95) — besonders aus dem Gebiet der Lagerstättenerkundung — beigegeben.

Der Hauptteil des Heftes gliedert sich in vier Abschnitte. Am Anfang (I; 25 S.) werden die Darstellungsmöglichkeiten von geologischen und tektonischen Elementen (Flächen, Linearen) im SCHMIDTschen Netz erläutert. Hierzu gehört auch die Auswertung von zahlreichen Messungen zu Maximaflächen sowie die konstruktive Transformation von eingetragenen Daten.

Im folgenden Abschnitt (II; 3 S.) sind die im Heft verwendeten gefügekundlichen Symbole und Signaturen angegeben. Der dritte Teil des Heftes (III; 34 S.) gilt der Geometrie von Gefügen auf dem SCHMIDTschen Netz. Darunter fällt die Ermittlung der Lage von Faltenachsen, die je nach den vorhandenen Meßdaten verschieden gehandhabt werden muß. Die Begriffe B, β, π, π-Kreis und δ werden erläutert. Behandelt wird weiter die Bestimmung der Gefügekoordinaten a, b und c auf dem SCHMIDTschen Netz, wobei die Lage von Dehnungs- und Scherungsbrüchen und ihre Beziehung zu den Symmetrieebenen festgestellt werden kann. Die Auswertung von Störungen (Auf-, Ab- und Blattverschiebungen) wird besonders für den Lagerstättenkundler von Interesse sein, da aus dem Diagramm wichtige genetische Aussagen abzuleiten sind.

Der letzte Abschnitt (IV; 8 S.) des ersten Teiles des Heftes beschäftigt sich mit der Analyse von Beanspruchungsplänen, wobei die Möglichkeiten eines einzeitigen nichtüberprägten, ferner eines einzeitigen überprägten und eines mehrzeitig überprägten Beanspruchungsplanes Behandlung finden.

Sämtliche konstruktiven Vorgänge — angefangen von dem Eintragen der Meßdaten bis zu dem Erkennen einer mehrzeitigen Überprägung aus dem Diagramm — sind anhand von 54 Abbildungen klar erläutert, so daß keine langwierigen Überlegungen notwendig sind, um die Konstruktionen mit eigenen Meßdaten ausführen zu können. Die Gefügekunde wird hoffentlich durch dieses Heft neue Anhänger gewinnen.

In den nächsten beiden Clausthaler Tektonischen Heften (Heft 5 u. 6) werden von K. KARL die Grundbegriffe und Anwendung der Gefügekunde in der Petrotektonik erläutert. Den Studierenden der Fachrichtung Geologie wird empfohlen, diese Schriftenreihe der Bergakademie Clausthal in den Bibliotheken einzusehen. G. MÖBUS

L. E. SPOCK

Guide to the Study of Rocks

Harper & Brothers, Publishers, New York: second edition 1962; 298 S., 56 Abb., zahlreiche Tab. und graphische Darstellungen; 8,75 $

In einer meisterhaften Art, mit einfachen Worten und einer großen Zahl zeichnerischer Darstellungen und Tabellen gibt L. E. SPOCK, Professor für Geologie an der Universität New York, eine Übersicht über die Gesteine und die sie bildenden Mineralien. Nach einleitenden Kapiteln über die Methoden der Identifikation von Mineralien und über die physikalischen Charakteristika der Gesteine werden die großen Gesteinsgruppen: magmatische, sedimentäre und metamorphe, behandelt. Jeweils folgen den in knappen Worten gehaltenen Ausführungen über Definition, Nomenklatur und Klassifikation wichtige Hinweise über Genese, Paragenese und Diagenese der einzelnen Gesteine.

Auf diese Art entstand ein Buch, das in zusammengedrängter, aber keinesfalls beengter Form das Grundsätzliche und Wissenswerte eines Gesteins und der Gesteine allgemein zum Ausdruck bringt.

Die abschließenden fünf Appendizes geben Hinweise für die Praxis bei Probenahme, Bemusterung, Beschreibung von Aufschlüssen, Anfertigung von Berichten usw. und stellen zum Schluß Fragen grundsätzlicher Art über das abgehandelte Wissensgebiet. So ist das vorliegende Buch eine vorbildliche Anleitung zum Studium der Gesteine.

K. KAUTER

POMEYROL, R., F. BIENNER & M. LOUIS

Beispiel geochemischer Sucharbeit durch Gasanalysen aus Oberflächenproben im Becken von Fort Polignac

Rev. Inst. Franc. Pétrol., **16**, 868—874 (1961)

Die in der Sowjetunion zu großen Erfolgen geführte Suchmethode der „Gasvermessung" wurde auf dem Feld Taouratine in der französischen Sahara angewandt. Zuvor hatten seismische Messungen das Vorhandensein einer Antiklinalstruktur festgestellt. Es wurden drei Profile über die Struktur gelegt und 49 Gasproben aus Bohrlöchern von 15—20 m Teufe in regelmäßigen Abständen genommen. Nach Auswertung der Analysenergebnisse zeichneten sich deutlich Ringeffekte ab, die dazu veranlaßten, in ihrer Mitte die Bohrung Taouratine I anzusetzen. Die Bohrung traf zwei Kohlenwasserstoffhorizonte an und wurde zwischen 2247 und 2261 m industriell gasfündig. K. KAUTER

WELKOW, A. M.

Hydrochemische Anzeichen für Gas- und Erdölhöffigkeit

Geologija nefti i gasa, 1960. — Nr. 9

Der Artikel geht auf eine Veröffentlichung CH. A. RAWIKOWITSCHs aus dem Jahre 1957 zurück, wo als solche Anzeichen folgende Verbindungen bezeichnet werden: NH_4, H_2S, Ca'', CO_3'', HCO_3' und SO_4''.

WELKOW weist darauf hin, daß Untersuchungen gezeigt haben, daß es nicht nötig ist, eine solche Anzahl chemischer Anzeichen zu benutzen. Als besonders charakteristisch erwies sich das Verhältnis $\frac{SO_4''}{HCO_3'}$. Schematisch wird die Oxydation von Erdöl folgendermaßen dargestellt:

$$2\,C + SO_4'' + 2\,H_2O \rightarrow H_2S + 2\,HCO_3'$$

Es geht dabei eine Zerstörung der Sulfate und andererseits eine Anreicherung von Hydrocarbonaten vor sich.

Nach 346 Analysen des Schichtwassers, die im Saratower Gebiet vorgenommen worden sind, wurde festgestellt, daß für Wässer, die in der Nähe von produktiven Horizonten liegen, das Verhältnis $\frac{SO_4''}{HCO_3'} < 3$ ist.

Für Wässer, die direkten Kontakt mit Erdöllagern haben, ist das Verhältnis $\frac{SO_4''}{HCO_3'}$ in den meisten Fällen nicht größer als 1. Für unproduktive Horizonte und mehr als 1000—1500 m von der Lagerstätte entfernte Wässer ist das Verhältnis $\frac{SO_4''}{HCO_3'} > 3$.

Der Einfluß der Erdöllagerstätten auf die chemische Zusammensetzung der Wässer wird auch noch durch den lithologischen Bestand der Gesteine beeinflußt. Das genannte Verhältnis kann das geologische Material bei Berücksichtigung der Lithologie ergänzen. G. Molle

Autorenkollektiv

Chemische Analysenmethoden von Mineralien, I; Arbeiten des Instituts für Geologie, Petrographie, Mineralogie und Geochemie

Akad. Verl. Wiss. UdSSR, Moskau 1961, H. 64, 99 S., 9 Tab., 2 Abb., 62 Literaturstellen; Preis 55 Kop.

Für die chemische Analyse von Gesteinen und Mineralien sind besondere Verfahren nötig. In dieser sowjetischen Veröffentlichung sind Beiträge für die moderne Analytik mineralischer Rohstoffe enthalten. Sie gehört in dieselbe Reihe von Arbeiten wie die von Ponomarew „Chemische Analyse von Silikat- und Karbonatgesteinen" und eines sowjetischen Autorenkollektivs anläßlich eines Symposiums über „Polarographie mineralischer Rohstoffe". Dieses Heft enthält 7 Kapitel.

1. J. S. Nesterowa: „Chemische Analysenmethoden einiger sulfidischer Mineralien". — Die Bestimmung von Cu, Bi, Ag, Hg, Sb, As, Sn nach Trennung von Zn, Fe, Co, Ni, Mn, Ca und Mg wird ausführlich beschrieben. Es werden Aufschlußverfahren, Trennung und gravimetrische bzw. titrimetrische, kolorimetrische oder polarographische Endbestimmung erläutert. Ein Abschnitt befaßt sich mit den Elementen Tellur und Selen. Weiterhin wird in diesem Kapitel die Analyse von Bleiglanz mit seinen Komponenten Pb, S, Zn, Cd, Fe, Cu, Mn, Mo, Bi, Sb, As, Co, Ni, Sn, Ba, Se, Te, Ag, Tl, Ca, Mg und SiO_2 behandelt. Zu den einzelnen Verfahren werden jeweils Berechnungsbeispiele und Anwendungsbereiche angegeben. Außerdem wird die Analysierung von Zn, Fe, Mn, Cd und S neben geringen Mengen In, Ga, Ge und Tl geschildert. Ein Schema über den Trennungsgang nach dem Aufschluß mit $HNO_3 + H_2SO_4$ ist abgebildet.

2. W. M. Senderowa: „Chemische Analysenmethoden von molybdän- und wolframhaltigen Mineralien". — Die Gehalte der Elemente W, Mo und Sn neben Bi, Pb, Ca und Fe werden gravimetrisch und kolorimetrisch ermittelt.

3. W. A. Molewa: „Chemische Analyse von Spinell". — Es wird der Trennungsgang nach dem Aufschluß mit Schwefel- und Perchlorsäure beschrieben.

4. T. A. Burowa: „Chemische Analyse von Niob und Tantal". — Ein Analysenschema ist hier abgebildet.

5. Z. W. Wasilewa: „Verwendung von Ionenaustauschharzen bei der Analyse von Apatiten".

6. W. I. Bogdanowa, G. H. Murawitzka & E. B. Halesowa: „Bestimmung seltener Elemente in Zirkonen". — Es werden die Bestimmungsarten der Elemente Y, La, Pr, Nd und Ce geschildert.

7. W. W. Danilowa: „Qualitative Borbestimmung". — Jeder, der sich mit chemischen Analysen von Mineralien beschäftigt, sollte diese Veröffentlichung der Akademie der Wissenschaften der Sowjetunion kennen. W. Hödt

Christoph, H.-J.

Kohlenpetrographisches Praktikum

Hrsg. von der Hauptabt. Fernstudium der Bergakad. Freiberg (mit Bildbd). Deutscher Verl. Wiss., 4°, Berlin 1961. — Textbd. 225 S., 51 Abb., Bildbd. 90 S., 142 Bilder

Der Verf. hat sich mit der Herausgabe seines Buches der an sich verdienstvollen und keineswegs leichten Aufgabe unterzogen, einen bestehenden Mangel auf dem Gebiet der Lehrbücher über die Mikroskopie und Petrographie der Kohle abzuhelfen. Die auf diesem Gebiet so bedeutenden und grundlegenden Werke „Lehrbuch der Kohlenpetrographie" (1935) und „Lehrbuch der Kohlenmikroskopie" (1949) von E. Stach, wie auch dessen Arbeit „Braunkohlenmikroskopie" im Handbuch der Mikroskopie in der Technik (1952) sind den Studierenden praktisch nur in Bibliotheken zugänglich. Um so mehr ist es zu begrüßen, daß sich die Hauptabt. Fernstudium der Bergakademie Freiberg um die Drucklegung eines derartigen Lehrbuches bemühte, bei dem sie in erster Linie an die Studenten dachte, die nicht den Vorteil der direkten Vorlesung genießen.

Die Aufteilung des Lehrbuches erfolgt in einen Text- und einen Bildband, die einzeln herausnehmbar in einen festen Leineneinband eingesteckt sind.

Der Textband gliedert sich in einen allg. Teil, der die Kapitel: Definition der Kohle; Einteilung der Kohlen; die wichtigsten Kohlenuntersuchungsmethoden zur Entstehung der Kohlen enthält, und in einen speziellen Teil mit den Kapiteln: Petrographie der Steinkohle; Petrographie der Braunkohle; besondere Ausbildungsformen der Kohlen und kohlenverwandten Gesteine; die petrographische Kohlenanalyse in der angewandten Kohlenpetrographie. Jedem Kapitel ist eine dem behandelten Gebiet entnommene Anzahl von Kontrollfragen angefügt. Die Beantwortung der Fragen, und somit die Sicherheit bei der Selbstkontrolle, ist als Anhang dem Textband beigegeben; ebenso ist im Anhang außer dem Literaturnachweis und dem Personen- und Sachregister ein Abschnitt über Mikroskope und andere Instrumente eingefügt, die für die petrographisch-mikroskopische Untersuchung von Kohlen Anwendung finden. Durch die Abbildung der Geräte und der Beschreibung ihrer Arbeitsweise wird vor allem den Fernstudenten, denen relativ wenig Zeit zum Kennenlernen des Instrumentariums zur Verfügung steht, eine gewisse Hilfe zuteil.

Der Bildband gliedert sich in „Handstücke", in dem 55 Aufnahmen von verschiedenartigen Kohlen, ihren Ausbildungsformen, Torfen, typischen Beimengungen usw. gezeigt werden, und in „Mikroaufnahmen" mit 87 Bildern von Dünn- und Anschliffen und Mazerationspräparaten.

Leider weist die äußerlich so ansprechende Arbeit doch erhebliche Mängel und Schwächen im Fachlichen wie auch im Didaktischen auf. Von einem Lehrbuch muß man erwarten, daß es den neuesten Stand der Erkenntnisse vermittelt. So ist schon gleich bei der Einteilung der Steinkohlen (S. 8) ein veraltetes Schema aufgeführt und die international anerkannte, in der DIN 23003 festgelegte Einteilung nach Code-Ziffern überhaupt nicht erwähnt. Unklar ist auch, warum der Autor den Anthrazit in Klammern setzt, er gehört doch durchaus zur Steinkohle.

Verbrennungswärme ist nicht gleich dem Heizwert, wie man es aber ohne weiteres aus der Überschrift auf S. 17 entnehmen muß. Der Begriff oberer Heizwert und unterer Heizwert sind seit Jahren nicht mehr gebräuchlich, sondern eindeutig durch die DIN 51708 als Verbrennungswärme und Heizwert festgelegt. — Im speziellen Teil ist die Nomenklatur bei der Beschreibung der Mikrolithotypen in der Steinkohle völlig überholt. Es werden die Begriffe der veralteten Clarit-Durit-Zwischenstufen gebracht, während die auf dem Heerlener Kongreß von 1958 von der Internationalen Kommission für Kohlenpetrologie angenommene Nomenklatur keinerlei Erwähnung findet.

Der Begriff Lithotyp ist falsch angewandt worden; das für Streifenarten richtige Synonym: Mikrolithotyp, wird nicht gebracht. — Unter Carbargilit werden nicht Brandschiefer und unreine Kohle zusammengefaßt, sondern hierunter sind eindeutig die Mikrolithotypen der Kohle zu verstehen, die zwischen 20—60% Verunreinigungen enthalten.

Didaktisch ist es unpraktisch, von den Lithotypen über die Mikrolithotypen zu den Mazeralen vorzugehen. Das bedingt laufend Erklärung von Begriffen, die erst später eingehend besprochen werden und die dem Studierenden die Arbeit keineswegs erleichtern.

Auch in der Petrographie der Braunkohle erweist sich das Lehrbuch nicht auf dem neuesten Stand. So ist z. B. das Schema eines makropetrographischen Flözschnittes (S. 99) bei den kohlenpetrographischen Arbeitsstellen der DDR durchaus nicht in Anwendung, wie überhaupt die Erkenntnisse der Braunkohlenpetrographie der letzten Jahre kaum Berücksichtigung finden.

Im Kapitel über Probenahme (S. 142/143) und über die weitere Verarbeitung des Probegutes (S. 144) muß die DIN 21941 unbedingt erwähnt werden, die die Verarbeitung einer

Schlitzprobe für das Lagerstättenarchiv festlegt. Die I.-T.-Analyse ist zwar eingehend erwähnt, aber es fehlt jeder Hinweis über die Mindestbreite des Mikrolithotyps, die zu seiner Erfassung und Registrierung vorhanden sein muß.

Die Anschliffaufnahmen im Bildband sind z. T. sehr schlecht und zeigen, daß sowohl in der Herstellungs- wie auch in der Phototechnik keineswegs das Niveau erreicht ist, das hierfür notwendig ist. Auch fehlen Angaben darüber, ob mit Ölimmersion oder mit Trockenobjektiv gearbeitet wurde; bei der Angabe der Vergrößerung ist es angebracht, neben der Eigenvergrößerung auch die Bildvergrößerung zu vermerken.

Große Teile des Buches sind durchaus ein Gewinn und sollen auch ihre Anerkennung finden. Trotzdem aber kann die Arbeit nicht die Ansprüche befriedigen, die man an ein derartiges Lehrbuch stellen muß. Es sollte eine baldige eingehende und sehr gewissenhafte Überarbeitung vorgenommen werden.

HERBST

BRODSKY, ALEXANDER E.

Isotopenchemie — in deutscher Sprache herausgegeben und ergänzt von J. MÜHLENPFORDT

Akad.-Verl., Berlin 1961. — 699 S., 108 Abb., Preis 86,-DM

Das Buch ist eine von einem Kollektiv von Wissenschaftlern unter Leitung von J. MÜHLENPFORDT bearbeitete und ergänzte deutsche Ausgabe der 1957 erschienenen 2. Auflage des Werkes: „Chimija Isotopow“ (Verlag der Akademie der Wissenschaften der UdSSR). Ergänzungen, die sich infolge des Fortschreitens des Wissensstandes in den seit Erscheinen des Originalwerkes vergangenen Jahren notwendig machten, stammen zum Teil von BRODSKY selbst, zum Teil von dem Bearbeiterkollektiv und sind entweder in den Text eingearbeitet oder als Fußnoten hinzugefügt worden.

Der Inhalt umfaßt den ganzen weiten Bereich der Theorie, Herstellung und Anwendung von stabilen und radioaktiven Isotopen. Es ist klar, daß selbst in einem Buch von 700 Seiten dieses große Gebiet nicht erschöpfend behandelt werden kann, von dessen Umfang die rund 1600 angeführten Literaturstellen einen Begriff vermitteln. Die so zahlreichen Literaturhinweise geben aber dem Leser die Möglichkeit, das zum eingehenderen Studium spezieller Themen benötigte Schrifttum aufzufinden.

Die präparative Trennung und die Analyse der stabilen Isotope und ihrer Verbindungen werden ziemlich ausführlich beschrieben. Für die Herstellung kommen hauptsächlich Destillations-, Diffusions-, Adsorptions-, Ionenaustausch-, Zentrifugier- und elektrolytische Verfahren, aber auch chemische Austauschmethoden in Betracht. Bei der Analyse der Stabilisotopen nimmt diejenige mit dem Massenspektrometer die wichtigste Stellung ein.

In dem der Beschreibung der radioaktiven Isotopen gewidmeten Teil findet man eine recht ausführliche Darstellung der Zerfallsvorgänge, der Kernreaktionen, der für die künstliche Erzeugung radioaktiver Isotope verwendeten Strahlungsquellen (Beschleuniger für geladene Partikel, Kernreaktoren und andere Neutronenquellen) sowie der für die Herstellung, Konzentrierung und Reinigung der aktiven Präparate angewendeten Verfahren. Die Aktivitätsmeßmethoden werden bewußt relativ kurz abgehandelt, da es hierüber zahlreiche spezielle Werke gibt.

Ausführlich dagegen werden die Einflüsse des Isotopeneinbaues auf die physikalisch-chemischen Eigenschaften von Verbindungen, u. a. auf die Hyperfeinstruktur der Atom- und Molekülspektren, auf die Eigenschaften, welche die Reaktionsgeschwindigkeit bedingen, sowie die Isotopenaustauschreaktionen behandelt.

Von den Anwendungen der Isotope in der Forschung nimmt diejenige zur Aufklärung der Einzelvorgänge beim Ablauf komplizierter chemischer Reaktionen den breitesten Raum ein. Zahlreiche Beispiele für die verschiedensten Reaktionstypen werden beschrieben. Auf diesem Gebiet ist in den letzten Jahren ein gewaltiger Zuwachs an Erkenntnissen zu verzeichnen, der ohne die Methode der Markierung durch Isotope undenkbar gewesen wäre. Am auffälligsten ist das wohl in der biologischen Chemie.

Beispielsweise die grundlegende Frage des Verlaufs der Photosynthese der Kohlenhydrate aus Wasser und Kohlendioxyd konnte weitgehend geklärt werden. Früher nahm man an, daß der Primärprozeß bei der Assimilation die Reduktion des von den Pflanzen aus der Luft aufgenommenen Kohlendioxyds nach der Gleichung

$$CO_2 + H_2O \rightarrow HCHO + O_2$$

sei.

Jetzt weiß man auf Grund von vielen Versuchen mit ^{14}C, daß die Zersetzung von Wasser nach dem Schema

$$H_2O \rightarrow 2\,H + {}^1/_2\,O_2$$

der primäre, durch das Chlorophyll sensibilisierte photochemische Vorgang ist. Der entstandene Wasserstoff bildet instabile reduzierende Verbindungen RH, die dann unabhängig vom Licht mit dem CO_2 organische Säuren bilden:

$$RH + CO_2 \rightarrow RCOOH$$

Übrigens wurde durch weitere Untersuchungen mit Hilfe von Isotopen festgestellt, daß die Kohlensäure nicht nur aus der Luft, sondern zu einem nicht unerheblichen Teil aus Karbonaten des Bodens durch die Wurzeln aufgenommen wird.

Das Kapitel, welches für die Geologen am interessantesten sein könnte, nämlich die physikalische Altersbestimmung, ist recht kurz gefaßt, kürzer als in den bekannten Werken über Isotopengeologie. Die Verwendung von Isotopen in der Industrie wird ebenfalls nur kurz behandelt, ein wenig ausführlicher die Anwendung in der chemischen Analyse. Die Analyse mit radioaktiven Indikatoren, die Isotopenverdünnungsanalyse und die Aktivierungsanalyse werden in ihren Grundzügen dargestellt und an einzelnen typischen Beispielen erläutert. Über den Anwendungsbereich dieser Methoden sei die Beurteilung des Verfassers selbst wörtlich zitiert: „Bei allen diesen Vorzügen besitzen die Isotopenmethoden eine begrenzte Genauigkeit, die durch die relativ geringe Genauigkeit radioaktiver Messungen bestimmt ist; nur bei sorgfältiger Arbeitsweise erreicht sie vielleicht in günstigen Fällen 1%. Das ist schlechter als bei den üblichen volumetrischen oder gravimetrischen Methoden der analytischen Chemie. Deshalb soll man Isotopenmethoden anwenden, wenn die Anwendung chemischer Methoden erschwert oder ganz unmöglich ist. Gerade bei der Bestimmung geringer Beimengungen sind selbst grobe radiochemische Messungen um Größenordnungen genauer als chemische, polarographische oder spektralanalytische Methoden.“

GRASSMANN

WOLFGANG LANGE

Seegravimetrie

Freiberger Forschungsheft C 109, Akademie-Verlag, Berlin 1961, 90 Seiten, 44 Abb., brosch. 12,—DM

Die Arbeit gewährt dem Geophysiker einen allseitigen Einblick in die Probleme seegravimetrischer Messungen. Sie behandelt alle Fragen der praktischen Durchführung, des technischen Ablaufs und der wissenschaftlichen Bearbeitung.

Im ersten Abschnitt wird ein kurzer geschichtlicher Abriß über die Entwicklung der Seegravimetrie gegeben. Es werden die verschiedenen Verfahren behandelt, die seit der Jahrhundertwende den Ablauf der Entwicklung der seegravimetrischen Vermessung bestimmen.

Ein weiterer Abschnitt behandelt die methodischen Fragen der Durchführung von Schweremessungen in Hochsee- und Schelfgebieten, wobei besonders instrumentelle, meßmethodische und ökonomische Fragen herausgestellt werden.

Ferner werden in der Arbeit die modernen Seegravimeter und ihre Meßprinzipien von den Unterwassergravimetern bis zu den Überwassergravimetern behandelt. Dieser Abschnitt gewährt auch einen guten Einblick in verschiedene technische Einzelheiten der modernen Seegravimetertypen und erörtert die Möglichkeiten der aerogravimetrischen Messungen.

Die Arbeit behandelt in besonderer Ausführlichkeit alle Fragen, die im Zusammenhang mit der Ermittlung eines genauen und realen Meßwertes stehen.

Bei der Seegravimetrie ergeben sich außer den auch bei Schweremessungen auf dem Festland üblichen Korrekturen einige besondere Korrekturen, die durch die Schweremessungen auf See bedingt sind.

Das letzte Kapitel schildert den Stand der Vorarbeiten für die Durchführung von Schweremessungen im Ostseeraum, wobei die wichtigsten Strukturelemente im Ostseeraum behandelt werden und ein Überblick über den Stand der gravimetrischen Kartierung in den Anliegerstaaten der Ostsee gegeben wird.

Die Arbeit ist in ihrer Gesamtheit dazu geeignet, dem Geophysiker in den Fragen der Seegravimetrie einen allseitigen Einblick zu gewähren, und sie wird letztlich dazu beitragen, die Entwicklung auf diesem Gebiet beschleunigt voranzutreiben. TÖPFER

GARDNER, F. J.

New X-ray computer „fingerprints" rock samples

Oil & Gas J. (1961), vol. 59, No. 51, S. 133ff

Ein neues kombiniertes Verfahren, das aus einem Röntgenzählrohrgoniometer und einer elektronischen Rechenmaschine besteht, wurde zur automatischen Bestimmung des Mineralinhaltes von Gesteinsproben, insbesondere von Bohrkernen und Spülproben entwickelt. Mittels dieser Apparatur können 35 der häufigsten Mineralien bestimmt werden.

Die Daten sind von Standardmineralproben erhalten worden. Die zu untersuchenden Proben werden in Form einer Paste oder eines Schliffes in die Apparatur gegeben. Die erhaltenen Ergebnisse werden automatisch auf Lochkarten registriert. Die Auswertung erfolgt durch die elektronische Rechenmaschine. Die Kapazität der Apparatur beträgt 150 Proben pro Tag. E. P. MÜLLER

BATASCHOW, N. N. & E. M. KURNEW

Zweistufen-Hydrozyklonsystem zur Reinigung der Tonspülung unter Ausnutzung des Spülpumpendruckes

„Neftjanoje chosjaistwo", H. 7, 1959, S. 27–31

Der Verf. beschreibt zweistufige Hydrozyklonanlagen, die enter der Ausnutzung des Druckes der Spülungspumpen urbeiten. In der ersten Stufe erfolgt die Nachreinigung der apülung. Ein spezieller 1–1,5 m³ fassender Behälter fängt Sen Schlamm auf. Bei einer Eintrittsgeschwindigkeit von d m/sec erfolgt die Aussonderung des Grundgesteins. Um 2ine zuverlässige Reinigung des gesamten Schlammes, also auch der Tonpartikel, zu erreichen, muß die Austrittsgeschwindigkeit ungefähr 11–12 m/sec betragen. Das ist bei einem Druck von 2,5–3,5 atü mit zwei Pumpen und 4 Hydrozyklonen zu erreichen. Der verwendete Hydrozyklon von 18″ ist am unteren Teil ungefähr 15–20° geneigt, der Durchmesser der auswechselbaren Schlammdüse beträgt 7–14 mm.

Verf. begründet aus praktischen Erwägungen die Größe und den Aufbau der Hydrozyklonanlage und stellt durch besondere Anordnungen — wie zum Beispiel die Vermeidung eines Überdruckes, der Spülungsverluste hervorrufen könnte — ein einwandfrei arbeitendes Entsandungssystem auf.

An Hand von Tabellen werden die Einsparungen durch dieses neue Entsandungssystem aufgezeigt und besonders die Senkung des Verbrauchs an Ersatzteilen hervorgehoben. Die Wirkungsweise der Hydrozyklone ist abhängig von der Art der Spülung, insbesondere von der Viskosität.

B. HEYNE

Neuerscheinungen und Literaturhinweise

LISITSCHKIN, S. M.

Die Erdölindustrie in den Ländern der Volksdemokratie

Gostoptechisdat, Moskau 1960. – 168 S.

GERASSIMOW, I. P.

Die Böden Mitteleuropas und die damit zusammenhängenden Fragen der physischen Geographie

Verl. AN SSSR, Moskau 1960. – 141 S.

Autorenkollektiv

Sammelband über Geologie und Hydrogeologie

Gosgeoltechisdat, Moskau 1960.

KLIMENTOW, P. P.

Die Methodik hydrogeologischer Untersuchungen

Gosgeoltechisdat, Moskau 1961. – 389 S.

LEBEDEW, A. W.

Die Prognose der Veränderung des Grundwasserstandes in Bewässerungsgebieten. Hydrogeol. Berechnungen

Gosgeoltechisdat, Moskau 1957. – 175 S.

KOWALEW, W. T.

Die unterirdischen Wässer des mittleren und nördlichen Transurals und Fragen der Erdöl-Erdgas-Führung

Swerdlowsk 1960

DUBROWSKIJ, W. W.

Das unterirdische Wasser und seine Prospektierung

Gosgeoltechisdat, Moskau 1960. – 32 S.

BALASCHOW, L. S.

Das artesische Becken von Surchan-Darja

Verl. AN SSSR, Moskau 1960. – 277 S.

Nachrichten und Informationen

9. Jahrestagung der Geologischen Gesellschaft

Die Geologische Gesellschaft in der DDR hielt ihre 9. Jahrestagung vom 14.–18. Mai 1962 in Erfurt ab. Entsprechend ihrem Hauptthema „Hydrogeologie" wurde diese Tagung von der Geologischen Gesellschaft in enger Zusammenarbeit mit den maßgebenden Wasserwirtschaftlern unserer Republik vorbereitet und mit gutem Erfolg durchgeführt.

In der Eröffnungssitzung konnte der Vorsitzende, Prof. Dr. H. WEHRLI, zahlreiche ausländische Wissenschaftler und etwa 600 Mitglieder und Gäste aus der DDR begrüßen.

Aus der Sowjetunion war neben anderen Prof. D. S. KORSHINSKIJ, Moskau, erschienen, der mit seinem hochinteressanten Vortrag „Das Verhalten des Wassers bei magmatischen und postmagmatischen Prozessen" vor allem die Arbeit und Diskussion in dem am 2. und 3. Tagungstag zusätzlich stattgefundenen 8. Treffen des Fachverbandes Mineralogie erheblich bereicherte.

Die Ungarische Volksrepublik war ebenfalls mit einer starken Delegation von Geologen und Hydrogeologen vertreten, an ihrer Spitze das Ehrenmitglied der Gesellschaft, Prof. Dr. SZÁDECZKY-KARDOSS.

Neben starken Delegationen aus der VR Polen, der ČSSR, und Vertretern der VR Bulgarien nahmen namhafte Wissenschaftler aus Westdeutschland, Westberlin, Holland und Italien an der Tagung teil.

Ähnlich wie bei früheren Tagungen wurde auch das Hauptthema der 9. Tagung in Plenarvorträgen und in Arbeitskreisen behandelt: „Hydrogeologische Kartierung, Hydrogeologie und Wasserwirtschaft" und „Wasser im Bergbau und regionale Probleme".

Den grundlegenden Plenarvortrag zu Anfang der Tagung hielt der Leiter des Amtes für Wasserwirtschaft in der Deutschen Demokratischen Republik, J. ROCHLITZER, über das Thema „Die Anforderungen der Wasserwirtschaft an die Hydrogeologie zur Sicherung des für die Entwicklung der Volkswirtschaft notwendigen Wasserbedarfs". Er stellte sich dabei auf die in sozialistischer Gemeinschaftsarbeit zwischen Vertretern des Amtes für Wasserwirtschaft und der Staatlichen Geologischen Kommission geschaffene Basis, die als Ausgangspunkt für ein strafferes Regime ein wirkungsvolleres Arbeiten auf dem Übergangsgebiet zwischen Geologie und Wasserwirtschaft ermöglichen wird. Die von seiten der Staatlichen Geologischen Kommission vorbereitete methodische hydrogeologische Grundlage zur Erfassung des Grundwasserdargebotes fand in den Vorträgen von H.-J. WEDER „Zur Analyse der wasserwirtschaftlichen Verhältnisse der Flußgebiete und die Stellung der Hydrogeologie" und von J. ZIESCHANG „Die Grundwasservorratskarte im Rahmen der hydrogeologischen Übersichtskartierung" ihre tiefere Begründung. Die dadurch ausgelöste rege Diskussion ließ erkennen, daß der Zeitpunkt für eine ernsthafte Aussprache über dieses Kardinalproblem gekommen ist. Allerdings müssen sich auch die Wasserwirtschaftler mit den in der geologischen Praxis geläufigen Begriffen über Mineralvorräte bzw. Vorratsklassifikationen vertraut machen und unbegründete Vorurteile beiseite räumen.

Besonders erwähnt werden muß weiterhin der hochinteressante und mit starkem Beifall aufgenommene Vortrag von Prof. Dr. SCHMIDT aus der VR Ungarn über den „Hydrogeologischen Atlas Ungarns". Dieses 73 Karten umfassende und in den Maßstäben 1:1 Million u. 1:200000 gedruckte Werk läßt erkennen, welche Beachtung gerade der hydrogeologischen Übersichtskartierung geschenkt wird und welche Unterstützung ihr von seiten der Geologie gegeben werden muß.

Auch im zweiten Arbeitskreis wurden einige sehr interessante Vorträge gehalten. Mehrere Referate von Hydrogeologen aus der ČSSR, der VR Polen und der VR Ungarn bereicherten dieses umfangreiche und inhaltsvolle Programm. Einen beachtenswerten Vortrag hielt J. TRACHTULEC, ČSSR, über „Bergmännisch-hydrogeologische Probleme im nordböhmischen Braunkohlenrevier", worin zum Ausdruck kam, daß die ČSSR in der systematischen hydrogeologischen Forschung im Bereich des Braunkohlenbergbaues ein hohes Niveau erreicht hat. Nicht unerwähnt bleiben sollte der mit starkem Beifall aufgenommene Lichtbildervortrag von K. HRABOWSKI über das vielseitig interessante Thema „Vorkommen und Nutzung von heißen Quellen und Naturdampf in Island".

Im Verlauf der 9. Tagung der Geologischen Gesellschaft in der DDR wurde durch die Mitgliederversammlung der Vorstand neu gewählt. Es ergaben sich nur geringfügige Änderungen, so daß die altbewährte Leitung der nunmehr über 1000 Mitglieder zählenden Gesellschaft unter dem Vorsitz von Prof. Dr. WEHRLI ihre erfolgreiche Arbeit fortsetzen wird.

Im Anschluß an die drei Vortragstage erfolgten an zwei Tagen je fünf Exkursionen zu verschiedenen hydrogeologischen Problemen Thüringens und der Mansfelder Mulde. Ganz besonders interessant war die Exkursion zu den „Spaltenquellen in Nordwestthüringen". Dr. NENNSTIEL demonstrierte anhand dieser ergiebigen Karstquellen recht eindrucksvoll die hydrogeologischen Verhältnisse und Probleme im Gebiet des thüringischen Muschelkalkes.

Ebenfalls im Rahmen dieser Tagung fand am 15. und 16. Mai das 8. Treffen des Fachverbandes Mineralogie statt, welches unter dem Hauptthema stand: „Wasser bei der Gesteins- und Lagerstättenbildung".

Zu Beginn gab Dr. LÖFFLER den Bericht der Leitung für die Zeit seit der Gründung des Fachverbandes am 26. November 1960 in Freiberg. Mit dem Stand vom 30. 4. 1962 schaut der Fachverband Mineralogie auf die beachtliche Zahl von 172 eingeschriebenen Mitgliedern. Bei der Neuwahl der Leitung wurde von den Mitgliedern einstimmig der bisherige Vorstand wiedergewählt (Dr. Dr. H. J. RÖSLER, Dr. T. KAEMMEL, Dr. LÖFFLER, Prof. Dr. HOPPE und Dr. BAUMANN). Dies ist im Interesse der Kontinuität der Entwicklung begrüßenswert.

Die Diskussion des Fachverbandes Mineralogie zu ihrem obengenannten Thema wurde durch die in der Plenarsitzung des zweiten Tages gehaltenen Vorträge von Prof. SZÁDECZKY-KARDOSS über das Thema „Wasser und Magma" und den oben bereits erwähnten Vortrag von Prof. KORSCHINSKIJ eingeleitet und in den Sitzungen des folgenden Tages fortgeführt. F. HESS & J. ZIESCHANG

Probleme der Strukturgeologie, Tektonik und Metallogenese

In einer Folge von fünf im Geologisch-Paläontologischen Institut der Humboldt-Universität, Berlin, gehaltenen Vorträgen entwickelte der durch seine „Strukturgeologie" bekannte sowjetische Geologe G. D. ASHGIREI einige Grundfragen der Geologie, die heute im Vordergrund des Interesses sowjetischer Geowissenschaftler stehen. Die ersten beiden Vorträge galten den allgemeinen Grundlagen sowie den Fragen der Fazies und der Schichtenfolge in Anknüpfung an Arbeiten von D. W. NALIWKIN und W. I. NIKOLAJEW. Der dritte Vortrag behandelte Probleme der Strukturgeologie und der Tektonik in Anknüpfung an W. A. OBRUTSCHEW, M. A. USOW und N. S. SCHATSKIJ, der vierte die Problematik der Tiefenbrüche und der fünfte Gesetzmäßigkeiten der Entwicklung tektonisch-magmatischer Erscheinungen in Verbindung mit Fragen der Metallogenese (in Anknüpfung an Arbeiten von S. S. SMIRNOW, I. A. BILIBIN und W. I. SMIRNOW). Auf die letzten beiden Vorträge sei hier näher eingegangen.

Die seit etwa 1945 laufenden sowjetischen Untersuchungen über Tiefenbrüche führten zu der Erkenntnis, daß Faltungen weitgehend von den Vorgängen an Tiefenbrüchen abhängig und nur in Tiefenbruchzonen möglich sind. Eine der wichtigsten der Erde ist die von W. I. NIKOLAJEW viele Jahre lang untersuchte, vom Karatau über den Tienschan bis weit ins chinesische Gebiet laufende Bruchzone. Dieser große Tiefenbruch, dessen präkambrisches Alter im Nordwestkaratau nachgewiesen ist, bildet die Grenzlinie zwischen einem kaledonischen Geosynklinalbereich im Norden, das im Spätpaläozoikum in Tafelform überging, und dem Bereich mächtiger variszischer Vorgänge im Süden. Seit dem Proterozoikum haben an dieser Bruchlinie die tektonischen Bewegungen bis in die Gegenwart in wechselnder Stärke angedauert. Während man früher eine Überschiebung von N her annahm, erklärt OBRUTSCHEW den Fazieswechsel, der sich ähnlich auch im Altai, im Ural und anderen Strukturen findet, durch synsedimentäre Bewegungen am Tiefenbruch, der meist gegen die Vertikale geneigt einfällt. ASHGIREI, der OBRUTSCHEWS völlige Ablehnung der Deckentheorie nicht teilt, sondern auch Deckenbewegungen im Zusammenhang mit Tiefenbrüchen anerkennt, ist der Meinung, daß sich die intrakontinentalen Tiefenbrüche von den (nach GUTENBERG & RICHTER) bis in 700 km Tiefe hinabreichenden Brüchen am Pazifikrande nicht wesentlich unterscheiden und daß selbständige Bewegungen der Sial-Sima-Hülle, wie sie u. a. WEGENER postulierte, daher ausgeschlossen sind. Auch im Pamir wurden Tiefbeben in 300 km Tiefe beobachtet.

ASHGIREI behandelte sodann die staffelförmigen Faltenstrukturen an bogenförmigen Tiefenbrüchen, die auf der linken Bogenseite Linksdrehung, auf der rechten Rechtsdrehung bezeugen, während im plastischen Material der Tiefe keine Verformung zu erwarten ist. Hauptergebnis: Die Ursachen der tektonischen Vorgänge sind in den Tiefen des Erdmantels zu suchen.

Betreffs der Zusammenhänge von Tektonik, Magmatismus und Metallogenese, denen der fünfte Vortrag galt, erörterte der Vortragende zunächst die von BILIBIN aufgestellte Großgliederung in fünf Etappen.

Da sich das BILIBINsche Schema, das eine heftige Kontroverse auslöste, als nicht allgemein anwendbar erwies, wurde von W. I. SMIRNOW eine Viergliederung von Anwendungsformen aufgestellt, die der Vortragende an Profilen erläuterte. Zu den Beziehungen von Metamorphose, Magmatismus und Metallogenese bildeten sich drei Standpunkte heraus, von denen der eine die Genese aus Differentiation und der zweite die Genese durch Assimilation (C. M. ABDULLAJEW) annimmt, während der dritte (W. A. KUSNEZOW) vermittelnd auf eine Rheomorphose durch lokal begrenzte Aufschmelzung im Bereich von Magmaherden das Hauptgewicht legt, da Differentiation und Assimilation zur Erklärung vieler Vorgänge nicht ausreichen. KUSNEZOWS Beispiel sind die mit Gabbroiden verknüpften großen Plagiogranite des Urals, die durch Aufschmelzung des den Gabbroid umgebenden Materials entstanden sind. Bei dieser Dynamometamorphose bleibt — im Sinne von NIGGLI — der ursprüngliche Gesteinsbestand nachweisbar. Der Kaukasus zeigt zwei Wellen von Regional-(Dynamo-)Metamorphose (kaledonisch und variszisch) im Zusammenhang mit Verschiebungen an Tiefenbrüchen, von denen die zweite der Bildung von Granitbatholithen voraufging.

H. HAVEMANN

Erdöl/Erdgas

Neue Ölfunde bei Biberach

Im württembergischen Kreis Biberach, wo im Rother Ölfeld bereits aus 15 Sonden gefördert wird, wurden neue Erdölfunde gemacht. Eine wegen Schonung von Waldbeständen unter erheblichen Schwierigkeiten niedergebrachte Schrägbohrung wurde in einer Teufe von ca. 1600 m fündig. Es wird mit einem täglichen Zufluß von ca. 30 t gerechnet.

Da man in größerer Tiefe Erdgas vermutet, wurde eine weitere Bohrung bis zu 2500 m Tiefe niedergebracht. Bis jetzt blieb sie ohne Erfolg. He.

Außerordentliches Flutungsprojekt

„Erdöl & Kohle", Heft 4 (1962), bringt die interessante Information, daß die Esso-Libya eines der größten Flutungsprojekte der Welt ausführen wird. Es handelt sich um das Feld Zelten, das unter einem Aufwand von 50 Mill. Dollar täglich mit rund 80000 m^3 Seewasser geflutet werden soll.

Hierzu wird eine 36zöllige, 175 km lange Pipeline zum Heranführen des Wassers benötigt. Bei diesem Objekt handelt es sich um eines der ersten in der Welt, bei dem Maßnahmen zur Erhaltung des Lagerstättendruckes bereits zur Zeit der Primärförderung einsetzen. Das Unternehmen verspricht sich von diesen umfangreichen und kostspieligen Arbeiten eine Verdoppelung der Erdölproduktion. -K-

Neues Unterwasser-Erdölvorkommen im Persischen Golf

Eine von der Standard Oil of Indiana im Persischen Golf niedergebrachte Erdölbohrung ist in 3350 m Tiefe fündig geworden. Die Bohrstelle liegt in einer Tiefe von 48 m in den iranischen Küstengewässern, etwa 4,5 km südwestlich der Insel Kharg. Nach ersten Probebohrungen sollen 150 t Rohöl täglich gefördert werden können. Um den genauen Umfang des Vorkommens zu ermitteln, werden weitere Probebohrungen niedergebracht. He.

Neue Erdölraffinerie in Mannheim

Die Wintershall AG hat sich mit der Ohio Oil Co. of Findlay, die mit $33^1/_3$% an den Ölfunden der Oasis Oil Co. in Libyen partizipiert, zusammengeschlossen, um im mittleren Teil Westdeutschlands eine neue Raffinerie aufzubauen. Als Standort wird Mannheim genannt. Die Rohölversorgung dieses Unternehmens soll über die im Bau befindliche Pipeline Marseille—Karlsruhe erfolgen, von der in dieser Zeitschrift bereits berichtet wurde. Die Durchsatzkapazität wird für den Anfang mit 2 Mill. t beziffert. —K—

Erdgasfund in Israel

Auf ein ergiebiges Erdgasvorkommen stieß eine israelitische Erdölgesellschaft im Bohrbezirk „Canaim Nr. 1". Aus der Lagerstätte können gegenwärtig ca. 4 Mill. m³ Erdgas pro Tag gefördert werden.

Wenn weitere Untersuchungen dieser Erdgaslagerstätte günstige Resultate erbringen, wird eine ca. 50 km lange Erdgas-Pipeline von Canaim nach den Oron-Phosphatwerken und der Industriestadt Dimona verlegt werden. He.

Erdölprogramm 1962 auf Sizilien

Die AGIP-Mineraria, eine Filiale der ENI, gab kürzlich einen Bericht über die Ergebnisse ihrer Erdöl- und Erdgassuche auf Sizilien. Seit Aufnahme der Erdölprospektion im Jahre 1953 bis Ende 1961 wurden auf der Insel 156 Bohrungen niedergebracht und dabei die Erdölvorkommen von Gela, Cammarata und Riso und die fünf Erdgasfelder von Gagliano, Lippono, Mazara del Vallo, Catania und Rizzo entdeckt.

Das Bohrprogramm für 1962 nennt 17 Bohrungen in der Küstenzone und 15 Off-shore-Bohrungen. Für letztere sind Plattformkonstruktionen vorgesehen, von denen sechs Bohrungen gleichzeitig niedergebracht werden können. He.

Erdölvorräte in Nordkanada

Einem Sachverständigengutachten der kanadischen Regierung ist zu entnehmen, daß sich die Erdölvorräte im Norden des Landes auf ca. 6,7 Mrd. t belaufen. Diese Zahl stellt im Vergleich zu den früheren Veröffentlichungen des Department of Northern Affairs and National Resources einen erheblichen Zuwachs dar, nachdem ehemals die Vorräte mit nur 4,2 Mrd. t veranschlagt worden waren. Von den neuerdings angegebenen Mengen fallen 66,8% = 4,5 Mrd. t auf die arktischen Inseln, 26,8% = 1,8 Mrd. t auf die Nordwestgebiete und 6,4% = 0,4 Mrd. t. auf Yukon.

Die Erdölvorräte für Westkanada werden mit 2,5 Mrd. t beziffert. -K-

Argentiniens Erdöllage

Argentinien hat sich in den letzten Jahren zu einer beachtenswerten Position in der Welterdölwirtschaft emporgearbeitet. Während einer auffallenden Stagnation, die bis zum Jahre 1957 anhielt, konnte die Produktion nur etwa 40% des eigenen Bedarfs decken. Die Ursache für die damalige, wenig befriedigende Tendenz des Beharrens war die geologische Unerforschtheit der in Frage kommenden Gebiete und Strukturen. Aus ihr resultierte eine allgemein verbreitete Ansicht, wonach die argentinischen Erdölreserven unbedeutend seien. Nach neuesten geologischen Beobachtungen und Berechnungen aber werden die im Lande mit Sicherheit festgestellten Reserven mit 735 Mill. m³ beziffert. Nach dem allgemein üblichen Produktionssatz von einem Fünfzehntel der nachgewiesenen Vorräte könnte die Erdölförderung Argentiniens auf 49 Mill. m³ pro Jahr gesteigert werden. Bereits in den letzten Jahren machte sich eine Produktionssteigerung bemerkbar, die mit großer Wahrscheinlichkeit auch weiterhin anhalten wird. Einzelheiten der Entwicklung gibt nachstehende Tab. wieder (in 1000 m³):

1. Jahresdurchschnitt

1905–1911	2
1912–1916	64
1917–1921	241
1922–1926	765
1927–1931	1507
1932–1936	2245
1937–1941	3010
1942–1946	3702
1947–1951	3675
1952–1956	4591

2. Jahresproduktion

1957	5397
1958	5668
1959	7087
1960	10166
1961	ca. 13000

Entsprechend dieser Entwicklung liegt die Selbstversorgung Argentiniens mit Rohöl im Bereich der Möglichkeit der nächsten Jahre. Die vorgesehene Steigerung der Raffineriekapazität trägt diesem Umstand schon Rechnung. Heute liegt sie etwa bei 12,5 Mill. t pro Jahr. Bis 1963 soll sie auf 16,3 Mill. t, d. h. um 30%, erhöht werden. —K—

Neuer Erdölfund in Australien

Ein neues Erdölvorkommen wurde 320 km westlich von Brisbane (Queensland) aufgefunden. Nach dem Vorkommen bei Cabawin ist dies der zweite bedeutendere Erdölfund in Australien.

Die neue Bohrung (Moonie I) wurde in 1832 m Teufe eruptiv fündig und ergab einen anfänglichen Zufluß von 85 m³ täglich bei starkem Wasseraustritt. Ein Produktionsversuch von einmonatiger Dauer ist vorgesehen, um den Umfang des neuen Ölvorkommens festzustellen. He.

Kohle

Die Kohlenförderung im Jahre 1961

Die Kohlenförderung der Welt (die Kohlenarten Tonne gleich Tonne gerechnet) betrug im Jahre 1961 nach Schätzungen, die „Glückauf" vom 28. 3. 1962 mitteilt, 2648,3 Mill. t gegen 2627,5 t 1960. Diese Mehrförderung von 20,8 Mill. t oder 0,7% ist gegenüber den Vorjahren gering, was hauptsächlich auf die Konkurrenz von Öl und Gas zurückzuführen ist. Die Steinkohlenförderung (1987,8 Mill. t 1961 gegen 1983,5 Mill. t 1960) stieg sogar nur um 0,2% an; die Braunkohlenförderung (660,5 Mill. t gegen 644 Mill. t) erhöhte sich dagegen um 2,5%. In den sozialistischen Ländern betrug die Förderung (in Mill. t) 1960 und 1961:

	Steinkohlen		Braunkohlen	
	1960	1961	1960	1961
UdSSR	373,0	376,9	140,0	129,5
VR China	420,0	430,0		
VR Korea	8,0	8,5		
VR Vietnam	3,0	3,5		
VR Albanien			0,3	0,3
VR Bulgarien	0,6	0,6	16,57	17,9
DDR	2,72	2,6	225,42	237,0
Jugoslawien	1,28	1,3	21,43	22,6
VR Polen	104,44	106,6	9,33	10,3
VR Rumänien	0,33	0.3	7,83	7,8
ČSSR	27,62	27,6	58,4	64,8
VR Ungarn	2,85	3,7	23,68	25,3

Die Produktion in einigen kapitalistischen Ländern war folgende:

	Steinkohlen		Braunkohlen	
	1960	1961	1960	1961
USA	391,53	376,7	2,49	2,5
Westdeutschland	142,29	142,7	97,92	99,0
Großbritannien	196,7	193,6	–	–
Frankreich	55,96	52,4	2,28	2,9
Belgien	22,47	21,5	–	–
Japan	51,07	53,6	1,4	1,3

Ha.

25 neue Kohlengruben in der VR Polen

In dem Steinkohlenbecken bei Rybnik sollen zur Ausbeutung der neuentdeckten Vorkommen, die auf 6 Mrd. t, darunter 4 Mrd. t Kokskohle, geschätzt werden, 25 Gruben neuangelegt und 10 bereits vorhandene ausgebaut werden. Die Förderung wird den Erwartungen nach dadurch auf 230000 t täglich (= rd. 70 Mill. t jährlich) ansteigen. Die polnische Gesamtförderung 1961 belief sich auf 109 Mill. t. Bis 1965 sollen zunächst zwei der vorhandenen Gruben ausgebaut, drei neue fertiggestellt und mit dem Bau von vier bis fünf weiteren begonnen werden. Jede der Gruben wird für eine Tagesförderung von 6000 bis 8000 t Kohle projektiert. Die VR Polen wird nach Schaffung dieser Gruben in ihrer Kokskohlenversorgung unabhängig werden und erhebliche Mengen Kohle exportieren können. Ha.

Sonstiges

Bodenschätze in Griechenland

Eine Wende für die gesamte wirtschaftliche Entwicklung des Landes könne nach Ansicht des griechischen Industrieministers MARTIS durch die bisherigen Ergebnisse geologischer Forschungen eingeleitet werden. Nach ihm wird die Suche nach Erdöllagern in Nord- und Mittelgriechenland rasch vorangetrieben. In Mazedonien sei man auf Erdschichten mit hohem Au-Gehalt gestoßen, deren Bauwürdigkeit z. Z. geprüft werde. Die aufgefundenen Braunkohlenlager mit über 600 Mill. t können als Grundlage der Energiegewinnung dienen. Ebenfalls in Mazedonien wurden Chromerzlager mit über 1 Mill. t entdeckt. Die Bauxitlagerstätten werden auf 1000 Mill. t geschätzt. Des weiteren seien große Lagerstätten an Zn, Cr- und Ni-haltigen Eisenerzen vorhanden. He.

Der zweite Fünfjahrplan Afghanistans (1961–1966)

Im September 1961 lief der 2. Fünfjahrplan Afghanistans an. Er hat ebenso wie sein Vorgänger die Aufgabe, die Industrialisierung des Landes voranzutreiben und den Lebensstandard der Bevölkerung weiter zu heben.

Der Plan sieht 4,5 Mrd. Afghani für die Erkundung von Erdöl und Erdgas und den Bau von Pipelines vor. Der Bau einer Raffinerie ist ebenfalls geplant. Man hofft, zwischen 1963–1966 eine Rohölproduktion von etwa 350000 t zu erreichen.

Die Kohlenförderung hat sich in letzter Zeit verdreifacht und soll bis 1965 von 55000 auf 150000 t ansteigen.

Für den Bau neuer Elektrizitätswerke sind im Plan 1,8 Mrd. Afghani vorgesehen, wodurch im Jahre 1966 eine Stromerzeugung von 600 Mill. kWh erreicht werden soll.

Weiterhin ist die Schaffung einer Eisen- und Stahlindustrie vorgesehen, die auf inländischen Erzen basieren soll.

Auch die Zementindustrie soll durch den Bau einer neuen Fabrik mit einer Kapazität von 30000 Jahrestonnen schnell entwickelt werden und am Ende des 2. Fünfjahrplanes 160000 t jährlich erreichen. He.

Die Erzlagerstätten von Nordkanada

Daß in den hohen Breiten von Kanada größere Mineralvorkommen vorhanden seien, wurde zwar schon seit längerer Zeit vermutet, sie wurden jedoch nicht erkundet, da eine wirtschaftlich lohnende Ausbeutung nicht in Frage kam, solange es an den nötigen Straßen und vor allem Eisenbahnen fehlte. Mit dem Bau einer 700 km langen Bahnstrecke, die vom Peace River in Alberta bis nach Pine Point am Großen Sklavensee im Nordwestterritorium von Alberta führen wird, steht nunmehr die Erschließung der Blei- und Zinkvorkommen sowie größerer Gold- und Silbererzvorkommen in diesem Gebiet bevor, das bei 3,3 Mill. km² Bodenfläche (= 34% der Gesamtfläche von Kanada) bisher nur 20000 Bewohner zählte. Betreffs der Erze von Pine Point, die im Tagebau gewinnbar sind, wird mit einer Förderung von 215000 t jährlich gerechnet. Hinzu kommen die nach einer Mitteilung der Bergwerkskammer von Alberta vom Dez. 1961 im Gebiet des Contwoytosees (425 km nördlich von Yellowknife) im vergangenen Oktober entdeckten großen Golderzvorkommen, zu deren Ausbeutung sich die kanadische Nickel Company Ltd. bereits eine Fläche von 36 km² gesichert hat. Der Goldgehalt des Erzes ist noch nicht genau festgestellt.

Auch in Labrador und im Norden der Provinz Quebec steht, begünstigt durch die Dollarabwertung, eine bergbauliche Expansion bevor. Dies betrifft vor allem die großen Eisenerzlager im Quebec-Labrador-Trog, die sich vom Jeannine-See nahe Mount Reed bis zur Ungavabucht erstrecken und deretwegen bereits eine Bahnstrecke von 300 km, zwei neue Städte und der neue Hafen Port Cartier am Lorenzstrom gebaut wurden. Ein neues Werk am Carolsee wird 1962 errichtet. Ferner sollen zu den großen Kupferbergwerken im Chibougamau-Gebiet weitere Kupferbergwerke am Mattagamisee hinzukommen. Schließlich wird nach Überwindung technischer Schwierigkeiten ein gesteigerter Abbau der bedeutenden Kalivorkommen in Saskatchewan erwartet. Ha.

Sibirien – dritte Industriebasis der Sowjetunion

In dem Programm des XXII. Parteitages der KPdSU spielt die zukünftige Entwicklung Sibiriens eine bedeutende Rolle. Während der nächsten 20 Jahre werden in Sibirien und Kasachstan neue Energieschwerpunkte mit großen Industriebetrieben entstehen. Damit wird Sibirien zur dritten Basis der sowjetischen Eisen- und Stahlindustrie.

Der Anteil Sibiriens an den gesamten Bodenschätzen der Sowjetunion ist erheblich: 60% der Eisenerze, 90% aller Kohlenvorräte, 90% der Buntmetalle, nahezu 100% aller primären Diamantlagerstätten, 70% der potentiellen Hydroenergie usw. Allein die in Ostsibirien lagernden Kohlen werden auf mehr als 6,7 Billionen t geschätzt.

Nachfolgende Tabelle gibt den neuesten Stand der Erkundungsergebnisse wieder:

	Kohlenrevier	in Mrd. t Steinkohlen
1.	Südausläufer des Lena-Reviers	insges. 2647
2.	Südteil des Tunguska-Reviers	„ 1744,8
3.	Kansk-Atschinsker Becken	1220,3
4.	Kusnezker Kohlenbecken	905,3
5.	Irkutsker Becken	88,9
6.	Südjakutisches Becken	40,0

	Eisenerzreviere	in Mill. t Eisenerz
1.	Kolpaschewo-Revier	über 20000
2.	Angara-Pit-Becken	3000–5000
3.	Südaldan-Rayon	fast 2000
4.	Angara-Ilim-Rayon	900
5.	Gorna-Schorija-Gruppe	285
6.	Garinsk	160

He.

Energieträger der USA von 1850 bis 1950

Die Entwicklung der Energieträger Holz, Kohle, Öl und Erdgas von 1850 bis 1950, wie sie sich in der amerikanischen Wirtschaft spiegelt, veranschaulicht das folgende, einer Studie von S. H. SCHURR, Baltimore 1960, entnommene Diagramm, das die Anteile dieser Energieträger am Gesamtverbrauch prozentual wiedergibt. Ha.

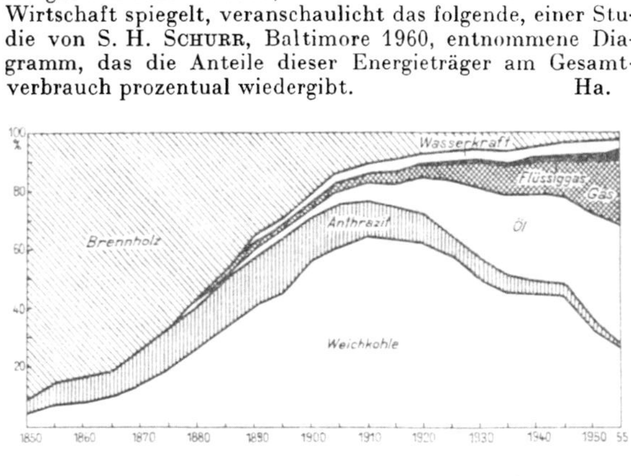

Die Welt-Rohstahlproduktion 1961

Während die Rohstahlproduktion in den kapitalistischen Ländern 1961 gegenüber dem Vorjahr Rückgänge oder (mit Ausnahme von Italien, Schweden, Kanada und Japan) nur geringe Steigerungen aufweist, wurde in der UdSSR bei einer Produktion von 70,7 Mill. t eine Zunahme um 8,3% (5,4 Mill. t) und in den sozialistischen Ländern insgesamt bei 93,4 Mill. t Produktion 8% Zunahme erreicht. Die USA, Großbritannien, Westdeutschland, Belgien und Österreich blieben hinter dem Vorjahr zurück. Die Länder der Montanunion zeigen bei 73,2 Mill. t Gesamtproduktion nur 0,6% Zunahme (1960 waren es 15,3% gegen 1959). Der Steigerung um 10,8 % in Italien steht ein Rückgang um 10,3% in Großbritannien gegenüber. Die USA hatten bei 91,1 Mill. t Produktion einen Rückgang von 0,8%. Dagegen haben Schweden 10,5%, Kanada (im Vorjahr rückläufig) 11,1 % und Japan bei 28,3 Mill. t Produktion sogar 27,7% Zunahme zu verzeichnen. Bei der VR China liegen Zahlen für 1961 noch nicht vor. Die gesamte Weltproduktion (soweit festgestellt), die 1960 einen Zuwachs um 12,3% aufwies, nahm 1961 um nur 4,2% zu.

Ha.

1962 Intensivierung der Bohrtätigkeit in der VR Polen

Wie das Zentrale Geologische Institut der VR Polen mitteilt, wurden im Jahre 1961 zur Erkundung von Erdöl und Erdgas 550000 Bohrmeter niedergebracht. Gegenüber 1960 bedeutet das eine Steigerung um 15%. Die Bohrtätigkeit im Jahre 1961 führte zur Entdeckung der Erdgasvorkommen im Gebiet von Jaroslaw, Przemysl und Lubaczow ebenso wie der Erdöllagerstätte bei Zielona Gora.

Für 1962 ist eine erneute Steigerung der Bohrmeterleistung um 20% vorgesehen. Daneben läuft eine ganze Anzahl von Basisbohrungen, die mit sowjetischen Geräten durchgeführt werden. Sie geben ebenfalls wertvolle Hinweise für die Erdölerkundung. He.

Magnesiumgewinnung aus Meerwasser

Obgleich in der Sowjetunion magnesiumführende Erze reichlich vorhanden sind und verarbeitet werden (die in Berezniki verarbeiteten Salzablagerungen von Solikamsk bei Perm haben z. B. einen hohen Magnesiumchloridgehalt), wird dort auch die Gewinnung von metallischem Magnesium aus Meerwasser in zunehmendem Umfang betrieben. Begonnen wurde damit schon in den dreißiger Jahren, aber erst die Gewinnung nach den heute angewandten Methoden ist vorteilhafter und billiger als die Verarbeitung von Erzen. Wie die sowjetische Zeitschrift „Technika", die sich mit dieser Frage beschäftigt, hervorhebt, enthält 1 km³ Meerwasser etwa 1 Mill. t Magnesium. Statt Meerwasser direkt zu verdampfen, ist es günstiger, das Wasser von küstennahen Becken zu verwenden, in denen schon eine natürliche Verdunstung stattgefunden hat. Auf der Krim enthalten die Seen Saksko, Sasuk, Staro und Krasno 10% $MgCl_2$, das Wasser der Kara-Bogas-Bucht des Kaspischen Meeres enthält 4%. Zur Einschränkung des Brennstoffbedarfs für die Verdampfung wird eine Methode der mehrmaligen natürlichen Konzentration des Salzwassers angewandt. In 5 m tiefen Seen oder Meeresbuchten wird ein System von durch Zwischenwälle mit Schleusen getrennten Reservoiren angelegt, durch die das Wasser nacheinander hindurchgeschleust bzw. gepumpt wird und so eine immer höhere Salzkonzentration erhält, bis es schließlich, da die natürliche Verdunstung durch die Sonnenwärme nicht ausreicht, in beheizte Becken gelangt. In diesen werden den Lösungen ständig Gase von hoher Temperatur eingeblasen. Die Konzentration von Magnesiumchlorid steigt so auf 45—46% an. Das erhaltene Bischofit-Konzentrat wandert durch wassergekühlte rotierende Trommeln und setzt sich sodann in feinen Flocken ab. Nach nochmaligem Waschen und Erhitzen in einem elektrischen Ofen ergibt sich reiner wasserfreier Bischofit. Durch Elektrolyse wird das metallische Magnesium vom Chlor getrennt und sodann in Barrenform gebracht. In Seen und Buchten von sehr heißem Klima produziert schon die Sonnenhitze allein Bischofitkonzentrate. Ha.

Kurznachrichten

Der **Gesamterdölverbrauch** der **kapitalistischen Länder** wird von Standard Oil für 1961 auf 1,1 Mrd. t geschätzt gegenüber bereits etwas über 1 Mrd. t im Jahre 1960. Der Verbrauch werde in den nächsten 5 Jahren insgesamt jährlich um 4—5%, in den Ländern außerhalb der USA sogar um 6—7% ansteigen.

Die **Erdölraffinerie** von **Hemmingstedt** (Westdeutschland) soll auf eine Jahreskapazität von 3 Mill. t gebracht und somit verdoppelt werden. Die Herstellung von Stadtgas aus Flüssiggas wird Ende 1962 mit 80000 m³ jährlich beginnen. Von dort nach Brunsbüttelkoog führt eine dreifache Pipeline.

Die **Erdölförderung** in **Nigeria** betrug 1961 5 Mill. t und soll bis 1970 auf 25 Mill. t jährlich gesteigert werden. Das Öl ist paraffinisch und fast schwefelfrei.

Die erste staatliche indische **Erdölraffinerie** nahm am 1. Januar 1962 im Gebiet von Gauhati (Staat **Assam**) vorfristig ihre Arbeit auf. Der mit Hilfe der VR Rumänien errichtete Betrieb liefert jährlich 750000 t Erdölprodukte.

In **Bolivien** wurde im Konzessionsgebiet der brasilianischen Gesellschaft Cia. Petrolifera Brasileira in 1502 m Tiefe ein reiches **Ölvorkommen** erbohrt, das einstweilen 16,3 t täglich liefert.

Ein neues **Erdgasvorkommen** in **Kanada**, 10 km südwestlich vom Kaybob-Ölfeld in NW-Alberta, die bedeutendste dortige Entdeckung im Jahre 1961, hat eine Tagesförderung von 280000 bis 412000 m³ erbracht.

Die **Kohlenförderung** der **Montanunion** wird für 1961 auf 230 Mill. t geschätzt, was bei einer leichten Zunahme in den Niederlanden und Westdeutschland, aber einem Rückgang um 3,6 Mill. t in Frankreich und 1 Mill. t in Belgien im ganzen einen Rückgang um 3,9 Mill. t gegenüber dem Vorjahr bedeutet.

Für die Ausbeutung des bei Nassaq auf **Grönland** gefundenen **Uranerzvorkommens** wurde in der dänischen Atomversuchsstation Risö eine wirtschaftlich lohnende Urangewinnungsmethode entwickelt.

Die **Erzgrube** „Heinrichssegen" im Lahn-Dill-Gebiet wurde als erste der für die **Stillegung** vorgesehenen sechs Gruben am 1. Januar 1962 geschlossen.

Ein neuentdecktes **Eisenerzvorkommen** zwischen Gewlo und Que Que in **Südrhodesien** wird auf 5 Mill. t mit 63% Fe-Gehalt geschätzt und soll eine Fläche von 1,3 Mill. m² einnehmen.

Die **Eisenerzvorkommen** im NW **Westaustraliens** werden auf 1,5 Mrd. t und damit auf das Fünffache der bisher bekannten Eisenerzlager Australiens geschätzt. Die Verarbeitungskapazität soll von jetzt 8000 t auf 14400 t täglich erhöht werden.

Die Produktion von **Roheisen** in **Großbritannien** belief sich 1961 auf rd. 14,7 Mill. t und war um 1 Mill. t geringer als im Vorjahre, was dem durch den Verbrauch angehäufter Lagerbestände verursachten Rückgang in der englischen Stahlerzeugung entsprach.

In **Italien** hat 1961 die **Rohstahlproduktion** 9,15 Mill. t gegenüber 8,23 Mill. t im Vorjahre und die Roheisenproduktion 3,05 Mill. t gegenüber 2,7 Mill. t im Vorjahre erreicht. Der Stahlverbrauch Italiens stieg um 15,3% auf 10,6 Mill. t.

Die **Stahlproduktion Japans** stieg 1961 von 22,13 Mill. t im Vorjahre auf 28,2 Mill. t. Japan erreichte damit anstelle von Großbritannien die viertgrößte Stahlproduktion der Welt.

Die Erschließung der **jugoslawischen Blei- und Zinkerzvorkommen** im Gebirgsmassiv Osogovska Planina wurde endgültig beschlossen. Es wird mit einer Anfangsproduktion von 220000 t Blei-, Zink- und Pyriterz und später mit 300000 t jährlich gerechnet.

In **Usbekistan** ist eine **Goldförderung** großen Umfangs in Vorbereitung, da im Tienschan-Gebiet und in der Wüste Kyzyl Kum mehrere Goldvorkommen entdeckt wurden.

In den nächsten Heften der

Zeitschrift für angewandte Geologie

erscheinen u. a. folgende Beiträge

A. THOMAS: Die Terminologie der ingenieurgeologischen Kartierung
I. ORMANDY: Hydrogeologische Probleme im Steinkohlenrevier von Ostrava–Karviná
K. HOTH & W. LORENZ: Zur Diskussion über die neuen Symbole für geologische Karten
J. SKÁCEL: Metallogenetische Verhältnisse der Mittel- und Ostsudeten
W. NÖLDEKE & F. ROHRBECK: Über die Erkundungsarbeiten im flözführenden Unterkarbon von Doberlug-Kirchhain (Niederlausitz)
R. HOHL: Hydrogeologische Untersuchungen in Lockergesteinen
I. G. STJOPIN: Anwendungsmöglichkeiten hydrodynamischer Untersuchungen in Erdöllagerstätten
C. ADAM: Erkundung von Tertiärtonen in einem Stauchgebiet
V. ZOUBEK: Neues geologisches Kartenwerk der ČSSR im Maßstab 1:200000
M. KURZE: Zur Geologie der Stickstoff- und Kohlenwasserstoffvorkommen im Bereich der Sangerhäuser und Mansfelder Mulde

Herausgeber: Staatliche Geologische Kommission und Zentrale Vorratskommission für mineralische Rohstoffe der Deutschen Demokratischen Republik. Für die kollektive Chefredaktion: Dr. K. KAUTER (Redaktionssekretär), Berlin. Redaktion: Berlin N 4, Invalidenstraße 44. Verlag: Akademie-Verlag GmbH, Berlin W 8, Leipziger Straße 3–4 (Fernsprecher 220441, Telex 011773, Postscheckkonto: Berlin 35021). Bestellnummer des Heftes 1047/8/8. Die „Zeitschrift für angewandte Geologie" erscheint monatlich. Bezugspreis 2,– DM je Heft. – Satz und Druck: Druckhaus „Maxim Gorki", Altenburg. Veröffentlicht unter der Lizenznummer ZLN 5008 des Ministeriums für Kultur. Karten: MdI der DDR, Nr. 6964, 7148, 7621, 7725

FSC
www.fsc.org
MIX
Papier | Fördert gute Waldnutzung
FSC® C083411

Zeitfracht Medien GmbH
Ferdinand-Jühlke-Straße 7
99095 Erfurt, Deutschland
produktsicherheit@kolibri360.de